普通高校本科计算机专业特色教材精选·算法与程序设计

C语言程序设计(第3版) 学习与实验指导

秦玉平　马靖善　王丽君　主编

清华大学出版社

北京

内 容 简 介

本书是与《C语言程序设计(第3版)》(马靖善、秦玉平主编,清华大学出版社)配套的学习指导与实验教材。全书共分7章,涵盖了C语言程序设计课程的主要内容,同时兼顾了题目的广度和深度。每章包括内容概述、典型题解析、习题解答、自测试题及参考答案、思考题及参考答案、实验题目及参考答案(第1章除外)。本书的绝大部分题目精选自各高校历年考研题、全国计算机等级考试题和具有丰富教学经验的教师在教学实践过程中设计、整理的题目。书中涉及的程序都在 Turbo C 2.0 和 Visual C++ 6.0 环境下调试运行通过。

本书适合作为理工类专业学生学习C语言程序设计课程的学习指导和实验教材,同时也适合参加全国计算机等级考试的考生使用,还可作为自学者学习C语言程序设计课程的辅导书。

图书在版编目(CIP)数据

C语言程序设计(第3版)学习与实验指导/秦玉平,马靖善,王丽君主编.—北京:清华大学出版社,2017(2020.9重印)

(普通高校本科计算机专业特色教材精选·算法与程序设计)

ISBN 978-7-302-48844-6

Ⅰ.①C… Ⅱ.①秦… ②马… ③王… Ⅲ.①C语言-程序设计-高等学校-教学参考资料 Ⅳ.①TP312.8

中国版本图书馆 CIP 数据核字(2017)第 281367 号

责任编辑:焦　虹
封面设计:常雪影
责任校对:胡伟民
责任印制:杨　艳

出版发行:清华大学出版社
　　　　　网　　址:http://www.tup.com.cn,http://www.wqbook.com
　　　　　地　　址:北京清华大学学研大厦 A 座　　　　　　　邮　　编:100084
　　　　　社 总 机:010-62770175　　　　　　　　　　　　　　邮　　购:010-62786544
　　　　　投稿与读者服务:010-62776969,c-service@tup.tsinghua.edu.cn
　　　　　质量反馈:010-62772015,zhiliang@tup.tsinghua.edu.cn
　　　　　课件下载:http://www.tup.com.cn,010-83470236
印 装 者:三河市国英印务有限公司
经　　销:全国新华书店
开　　本:185mm×260mm　　　　　印　　张:17.25　　　　　字　　数:420 千字
版　　次:2017 年 12 月第 1 版　　　　　　　　　　　　　　印　　次:2020 年 9 月第 6 次印刷
定　　价:39.00 元

产品编号:077286-01

出 版 说 明

我国高等学校计算机教育近年来发展迅猛,应用所学计算机知识解决实际问题,已经成为当代大学生的必备能力。

时代的进步与社会的发展对高等学校计算机教育的质量提出了更高、更新的要求。现在,很多高等学校都在积极探索符合自身特点的教学模式,涌现出一大批非常优秀的精品课程。

为了适应社会需求,满足计算机教育的发展需要,清华大学出版社在大量调查研究的基础上,组织编写了本套教材。我们从全国各高校的优秀计算机教材中精挑细选了一批很有代表性且特色鲜明的计算机精品教材,把作者对各自所授计算机课程的独特理解和先进经验推荐给全国师生。

本套教材特点如下。

(1) 编写目的明确。本套教材主要面向普通高校的计算机专业学生,使学生通过本套教材,学习计算机科学与技术方面的基本理论和基本知识,接受应用计算机解决实际问题的基本训练。

(2) 注重编写理念。本套教材的作者均为各校相应课程的主讲教师,有一定的经验积累,且编写思路清晰,有独特的教学思路和指导思想,其教学经验具有推广价值。

(3) 理论与实践相结合。本套教材贯彻从实践中来到实践中去的原则,书中许多必须掌握的理论都将结合实例讲述,同时注重培养学生分析、解决问题的能力。

(4) 易教易用,合理适当。本套教材编写时注意结合教学实际的课时数,把握教材的篇幅。同时,对一些知识点按照教育部高等学校计算机类专业教学指导委员会的最新精神进行合理取舍与难易控制。

(5) 注重教材的立体化配套。大多数教材都将配套教学课件、习题及其解答、实验指导、教学网站等辅助教学资源,方便教学。

随着本套教材的陆续出版,我们相信能够得到广大读者的认可和支持,为我国计算机教材建设和计算机教学水平的提高,以及计算机教育事业的发展做出应有的贡献。

清华大学出版社

前言

PREFACE

C 语言是国内外广泛使用的计算机程序设计语言。各高校理工类专业大都开设了 C 语言程序设计课程。从学习的角度看,C 语言较其他计算机语言复杂,语言中的特殊语法现象和难点内容也较其他计算机语言多。为使学习者尽快地掌握 C 语言程序设计课程的整体内容,我们编写了本书。

本书是《C 语言程序设计(第 3 版)》(马靖善、秦玉平主编,清华大学出版社)的配套教材。全书共分 7 章,涵盖了 C 语言程序设计课程的主要内容,同时兼顾了题目的广度和深度。每章包括内容概述、典型题解析、习题解答、自测试题及参考答案、思考题及参考答案、实验题目及参考答案(第 1 章除外)。其中,内容概述给出了知识结构图、考核要点、重点难点和核心考点;典型题解析的题目精选于各高校历年考研题、全国计算机等级考试题和具有丰富教学经验的教师在教学实践过程中设计、整理的题目,并给出了较详细的解析;自测试题包括单项选择题、程序填空题、程序分析题和程序设计题,并提供了参考答案;实验题目依据考核要点和实际应用设计,具有代表性、综合性和实用性,并提供了参考答案;思考题目根据常见问题设计,具有一定的针对性和扩展性,并给出了参考答案;习题解答给出了主教材习题的详细解答。最后在附录中给出了 3 套模拟题及参考答案和 10 个课程设计题目。书中涉及的程序都已在 Turbo C 2.0 和 Visual C++ 6.0 环境下调试运行通过。

本书第 1 章、第 2 章、第 3 章和第 6 章由秦玉平编写,第 4 章和第 7 章由王丽君编写,第 5 章和附录由马靖善编写,全书由秦玉平和马靖善审校。

尽管本书是针对《C 语言程序设计(第 3 版)》编写的,但也适用于其他 C 语言程序设计的教材。本书可作为全国计算机等级考试和考研复习指导书,也可作为自学者学习 C 语言程序设计课程的辅导书。

在本书编写过程中,编者参考了大量有关 C 语言程序设计和 C++ 程序设计的书籍和资料,在此对这些参考文献的作者表示感谢。

由于书中题目数量较大,加之编者水平有限,书中难免存在错误和不当之处,恳请广大读者批评指正,以便再版时改进。

本书受辽宁省普通高等教育本科教学改革研究项目(20160484)资助。

如有问题或需要源代码,请通过下面邮箱与我们联系：q1q888888@ sina.com。

作　者

目 录

CONTENTS

第1章　C语言概述 ·· 1

1.1　内容概述 ·· 1

1.2　典型题解析 ·· 1

1.3　自测试题 ·· 3

1.4　思考题 ·· 4

1.5　习题解答 ·· 4

1.6　自测试题参考答案 ·· 5

1.7　思考题参考答案 ·· 6

第2章　基本语法规则 ·· 7

2.1　内容概述 ·· 7

2.2　典型题解析 ·· 8

2.3　自测试题 ·· 16

2.4　实验题目 ·· 20

2.5　思考题 ·· 22

2.6　习题解答 ·· 23

2.7　自测试题参考答案 ·· 34

2.8　实验题目参考答案 ·· 35

2.9　思考题参考答案 ·· 36

第3章　控制语句与预处理命令 ·· 39

3.1　内容概述 ·· 39

3.2　典型题解析 ·· 40

3.3　自测试题 ·· 50

3.4　实验题目 ·· 55

3.5　思考题 ·· 56

3.6　习题解答 ·· 57

3.7　自测试题参考答案 ……………………………………………………………… 71

3.8　实验题目参考答案 ……………………………………………………………… 72

3.9　思考题参考答案 ………………………………………………………………… 75

第 4 章　数组 ………………………………………………………………………………… 77

4.1　内容概述 ………………………………………………………………………… 77

4.2　典型题解析 ……………………………………………………………………… 78

4.3　自测试题 ………………………………………………………………………… 86

4.4　实验题目 ………………………………………………………………………… 90

4.5　思考题 …………………………………………………………………………… 91

4.6　习题解答 ………………………………………………………………………… 91

4.7　自测试题参考答案 ……………………………………………………………… 111

4.8　实验题目参考答案 ……………………………………………………………… 113

4.9　思考题参考答案 ………………………………………………………………… 117

第 5 章　函数 ………………………………………………………………………………… 119

5.1　内容概述 ………………………………………………………………………… 119

5.2　典型题解析 ……………………………………………………………………… 120

5.3　自测试题 ………………………………………………………………………… 130

5.4　实验题目 ………………………………………………………………………… 135

5.5　思考题 …………………………………………………………………………… 136

5.6　习题解答 ………………………………………………………………………… 136

5.7　自测试题参考答案 ……………………………………………………………… 157

5.8　实验题目参考答案 ……………………………………………………………… 159

5.9　思考题参考答案 ………………………………………………………………… 166

第 6 章　结构体、共用体和枚举 …………………………………………………………… 169

6.1　内容概述 ………………………………………………………………………… 169

6.2　典型题分析 ……………………………………………………………………… 170

6.3　自测试题 ………………………………………………………………………… 180

6.4　实验题目 ………………………………………………………………………… 185

6.5　思考题 …………………………………………………………………………… 185

6.6　习题解答 ………………………………………………………………………… 185

6.7　自测试题参考答案 ……………………………………………………………… 201

6.8　实验题目参考答案 ……………………………………………………………… 202

6.9　思考题参考答案 ………………………………………………………………… 207

第 7 章　文件 ··· 209

　7.1　内容概述 ··· 209

　7.2　典型题分析 ·· 210

　7.3　自测试题 ··· 213

　7.4　实验题目 ··· 216

　7.5　思考题 ··· 217

　7.6　习题解答 ··· 217

　7.7　自测试题参考答案 ·· 231

　7.8　实验题参考答案 ·· 233

　7.9　思考题参考答案 ·· 235

附录 A　模拟试题 A 及其参考答案 ·· 237

　A.1　模拟试题 A ·· 237

　A.2　模拟试题 A 参考答案 ·· 242

附录 B　模拟试题 B 及其参考答案 ·· 245

　B.1　模拟试题 B ·· 245

　B.2　模拟试题 B 参考答案 ·· 249

附录 C　模拟试题 C 及其参考答案 ·· 251

　C.1　模拟试题 C ·· 251

　C.2　模拟试题 C 参考答案 ·· 255

附录 D　课程设计题目 ··· 259

参考文献 ··· 263

CHAPTER

第 *1* 章　　　　C 语言概述

1.1　内容概述

　　本章首先介绍了 C 语言的特点、C 语言中的关键字和语句形式、结构化程序设计的三种基本结构,然后介绍了 Turbo C 和 Visual C++ 的上机操作步骤,最后通过一个例子介绍了 C 程序的构成和运行过程。本章知识结构如图 1.1 所示。

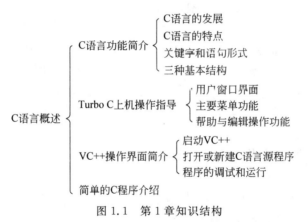

图 1.1　第 1 章知识结构

　　考核要求:了解 C 语言的历史背景;了解 C 语言的特点;了解 C 语言的关键字和语句形式;掌握结构化程序设计的三种基本结构;熟练掌握 C 程序的上机步骤;掌握 C 程序的结构。

　　重点难点:本章的重点是 C 程序的基本结构、C 语言语句形式和 C 程序上机步骤。本章的难点是 C 程序调试。

　　核心考点:C 语言特点、C 程序的基本结构和 C 语言语句形式。

1.2　典型题解析

　　【例 1.1】 下面说法不正确的是(　　　)。

　　A. C 语言能编写操作系统

B. C语言是函数式的语言

C. 数据类型多样化

D. 书写格式自由,不区分英文字符大小写

解析：C语言即可用来编写系统软件,也可用来编写应用软件,选项 A 正确。一个 C 程序由一个或多个文件构成,每个文件由一个或多个函数构成,选项 B 正确。C 语言的特点之一是数据类型丰富,选项 C 正确。C 语言程序书写形式自由,但区分英文字母的大小写,选项 D 错误。

答案：D

【**例 1.2**】 以下叙述中错误的是(　　)。

A. C语句必须以分号结束

B. 复合语句在语法上被看作一条语句

C. C语言的输入和输出操作是由语句来完成的

D. 赋值表达式末尾加分号就构成赋值语句

解析：C语言每个语句和数据定义的最后必须有一个分号,即分号是 C 语句的必要组成部分,选项 A 正确。复合语句是 C 语言的语句形式之一,选项 B 正确。在表达式末尾加分号就构成表达式语句,选项 D 正确。C 语言本身没有输入和输出语句,输入和输出操作是由库函数来完成的,选项 C 错误。

答案：C

【**例 1.3**】 结构化程序设计所规定的三种基本控制结构是(　　)。

A. 输入、处理、输出　　　　　　　　B. 树形、网形、环形

C. 顺序、选择、循环　　　　　　　　D. 主程序、子程序、函数

解析：结构化程序设计所规定的三种基本结构是顺序结构、选择结构和循环结构。

答案：C

【**例 1.4**】 计算机高级语言程序的运行方法有编译执行和解释执行两种,以下叙述中正确的是(　　)。

A. C语言程序仅可以编译执行

B. C语言程序仅可以解释执行

C. C语言程序既可以编译执行又可以解释执行

D. 以上说法都不对

解析：C语言程序的运行方法有两种:一种是先编译生成扩展名为.obj 的目标文件,然后进行连接操作,得到一个扩展名为.exe 的可执行文件;另一种是将编译和连接合为一个步骤进行。

答案：A

【**例 1.5**】 构成 C 程序的基本单位是(　　)。

A. 过程　　　　　B. 函数　　　　　C. 子程序　　　　　D. 子例程

解析：构成 C 程序的基本单位是函数。过程、子程序和子例程是与函数接近的概念,在其他语言中使用,不是 C 语言中的概念。

答案：B

【例 1.6】　用来描述 C 程序中注释的是(　　)。

A. \ \　　　　　　B. / *　　　　　　C. / * * /　　　　　D. * *

解析：在 C 语言中，注释是用"/ *"和"* /"括起来的内容，不是语句，书写时较为灵活。可以在任何插入空格符的地方插入注释。另外，C 语言中的注释不能嵌套，即在"/ *"和"* /"之间不能包含"/ *"或"* /"。在 VC ++ 中，可用"//"作为注释，但只用于行尾。

答案：C

【例 1.7】　一个 C 程序的执行是从(　　)。

A. main 函数开始，到 main 函数结束

B. 第一个函数开始，到最后一个函数结束

C. 第一个语句开始，到最后一个语句结束

D. main 函数开始，到最后一个函数结束

解析：一个 C 程序总是从 main 函数开始执行，而无论 main 函数在整个程序中的位置如何。程序运行时除中间异常(如遇函数 exit())退出外，都在 main 函数中结束。

答案：A

【例 1.8】　C 语言的主要特点是什么？

解析：C 语言之所以能存在并具有生命力，是因为它有优于其他语言的特点。C 语言的主要特点如下：

(1) 语言简洁、紧凑，使用方便、灵活。

(2) 数据类型丰富。

(3) 运算符多样。

(4) 函数是程序的主体。

(5) 语法检查不太严格，程序书写自由度大。

(6) C 语言允许直接访问物理地址。

(7) 生成的目标代码质量高。

(8) 可移植性好。

1.3　自测试题

1. 单项选择题

(1) 以下叙述中正确的是(　　)。

　A. C 语言比其他语言高级

　B. C 语言可以不用编译就能被计算机识别执行

　C. C 语言以接近英语国家的自然语言和数学语言作为语言的表达形式

　D. C 语言出现的最晚，具有其他语言的一切优点

(2) 以下叙述中正确的是(　　)。

　A. C 程序中注释部分可以出现在程序中任何合适的地方

　B. 花括号"{"和"}"只能作为函数体的定界符

C. 构成 C 程序的基本单位是函数,所有函数名都可以由用户命名

D. 分号是 C 语句之间的分隔符,不是语句的一部分

(3) 要把高级语言编写的源程序转换为目标程序,需要使用(   )。

    A. 编辑程序   B. 驱动程序   C. 诊断程序   D. 编译程序

(4) 以下叙述不正确的是(   )。

    A. 一个 C 源程序可由一个或多个文件组成

    B. 一个 C 源程序必须包含一个 main 函数

    C. C 程序中,注释说明只能位于语句的后面

    D. 对 C 程序进行编译时,编译系统不能发现注释中的拼写错误。

(5) 在一个 C 程序中(   )。

    A. main 函数必须出现在所有函数之前

    B. main 函数可以在任何地方出现

    C. main 函数必须出现在所有函数之后

    D. main 函数必须出现在固定位置

(6) 以下叙述中错误的是(   )。

    A. C 语言的可执行程序是由一系列机器指令构成的

    B. 用 C 语言编写的源程序不能直接在计算机上运行

    C. 通过编译得到的二进制目标程序需要连接才可以运行

    D. 在没有安装 C 语言集成开发环境的机器上不能运行由 C 源程序生成的.exe 文件

2. 简答题

(1) C 语言的语句形式有哪几种?

(2) 为什么 C 语言程序的执行效率较高?

1.4　思考题

(1) C 语言的主要用途是什么?

(2) 用 Windows 的记事本可以编辑 C 源程序吗?

1.5　习题解答

1. 为什么说 C 语言是中级语言?

解答:C 语言之所以称为中级语言,一方面它继承了低级语言的大部分功能,如可以直接访问地址,进行位操作等,另一方面它又具有高级语言简单、易学的特点。

2. C 程序、C 文件和函数的关系如何?

解答:C 程序由 C 文件组成,C 文件又由函数组成。

3. 写出最小的 C 程序和含有语句的最小 C 程序。

解答:最小的 C 程序:

```
void main(){   }
```

含有语句的最小 C 程序：

```
void main(){; }
```

4．如何给 C 源程序加注释？

解答：注释以"/＊"开头，以"＊/"结束。在 VC＋＋中，还可以用"//"，但只能用于行尾。

5．C 语言中，表达式和表达式语句的关系如何？

解答：C 语言中，表达式的末尾加上分号（;）就构成表达式语句。

6．在 Turbo C 的编辑状态下，如何实现块的定义、复制、移动和删除？

解答：

定义块首：Ctrl-K B

定义块尾：Ctrl-K K

块复制：Ctrl-K C

块移动：Ctrl-K V

块删除：Ctrl-K Y

7．在 Turbo C 的编辑状态下如何获取帮助？

解答：按 F1 或 Ctrl-F1

8．在 Turbo C 的编辑状态下如何打开功能菜单？

解答：按 Alt-功能菜单的第一个字母。如：Alt-F 打开文件菜单，Alt-R 打开运行菜单。

9．用 Turbo C 编辑调试本章中的例题程序。

解答：略。

10．用 Visual C＋＋编辑调试本章中的例题程序。

解答：略。

1.6　自测试题参考答案

1．单项选择题

(1) C　　　　　(2) A　　　　　(3) D　　　　　(4) C　　　　　(5) B　　　　　(6) D

2．简答题

(1) ① 控制语句　　　　② 函数调用语句　　　　③ 表达式语句

　　④ 空语句　　　　　⑤ 复合语句　　　　　　⑥ 注释语句

(2) C 语言中含有位运算和指针运算，能够直接对内存地址进行访问操作，可以实现汇编语言的大部分功能，即直接对硬件进行操作。

1.7 思考题参考答案

(1) 答：C 语言本来主要用于编写系统软件,但它对编写程序限制少,灵活性大,功能较强,可以编写任何类型的程序。现在 C 语言不仅用来编写系统软件,也用来编写应用软件。

(2) 答：用任何纯文本编辑器都可以编辑 C 源程序,因为 C 源程序本身就是纯文本。用记事本编辑 C 源程序更方便。

CHAPTER

第2章 基本语法规则

2.1 内容概述

本章主要介绍了整型、实型和字符型等基本类型常量的表示形式及其变量的定义与使用、变量的指针和指针变量的定义与使用、运算符和表达式、字符输入输出函数和格式输入输出函数。第 2 章知识结构如图 2.1 所示。

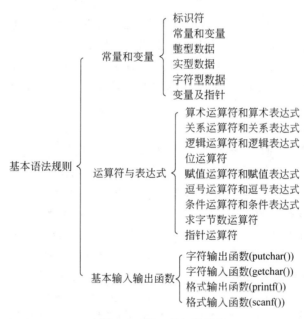

图 2.1 第 2 章知识结构

考核要求：掌握标识符的取名规则，熟练掌握整型、实型、字符型等基本类型常量的表示形式及其变量的定义和使用，熟练掌握指针的定义和使用，掌握不同类型数据间的转换规则，熟练掌握有关运算符与表达式的规则和使用方法，熟练掌握字符数据输入输出函数和格式输入输出函数的调用方式和用法。

重点难点：本章的重点是运算符和表达式的运用、字符数据输入输出函数和格式输入输出函数格式及用法。本章的难点是自加自减运算以及指针型数据的定义和使用。

核心考点：标识符的取名规则、基本型常量的表示形式、变量的定义及初始化、运算符优先级和表达式求值、字符数据输入输出函数和格式输入输出函数的格式及其用法。

2.2　典型题解析

【例 2.1】 下面哪一个是合法的 C 语言用户标识符(　　)。

A. _8_ B. int C. A-B D. 8_8

解析：C 语言规定，用户标识符只能由大小写英文字母(A～Z，a～z)、数字(0～9)和下画线(_)组成，第一个字符不能为数字，大小写字母是不同的字符，Turbo C 中标识符长度不能超过 32 个字符(VC++ 中不能超过 247 个字符)，且不能使用 C 语言中的 32 个关键字作为用户标识符。本题中，选项 B 为关键字，选项 C 含有非法字符减号(—)，选项 D 中第一个字符是数字字符，只有选项 A 符合规定。

答案：A

【例 2.2】 下面哪一个是合法的 C 语言整型常量(　　)。

A. 10110B B. 0386 C. x2a2 D. 0xffa

解析：C 语言中，整型常量可以用十进制、八进制和十六进制三种形式表示。十进制形式的有效数字为 0～9，八进制形式的有效数字为 0～7 且以 0 开头，十六进制形式的有效数字为 0～9 和 a～f(或 A～F)且以 0x 开头。本题中，选项 A 的前面缺少"0x"，选项 B 中的"8"不合法，选项 C 的前面缺少"0"，选项 D 是合法的用十六进制形式表示的整型常量。

答案：D

【例 2.3】 下面哪一个是非法的 C 语言实型常量(　　)。

A. 8. B. .8 C. 8e1.0 D. 8.0E0

解析：C 语言中，实型常量只使用十进制，它可用十进制小数和指数两种形式表示。十进制小数形式由正负号、数字 0～9 和小数点组成，正号"+"可以省略。若整数部分为0，则整数部分可以省略，但小数点不能省略；若小数部分为 0，则小数部分可以省略，但小数点不能省略。指数形式(或称科学记数法)由正负号、数字 0～9、小数点和字母 e(或 E)组成。它的组织形式为 me±n 或 mE±n，其中，m 为整型数或实型数，n 为整型数，m 和n 缺一不可，即使 m 是 1 或 n 是 0 也不能省略，格式中的"+"可以省略。本题中，选项 C是非法的，因为实型常量指数形式中 e(或 E)后的 n 必须为整型数。

答案：C

【例 2.4】 下面哪一个是非法的 C 语言字符常量(　　)。

A. 'a' B. '\a' C. '\395' D. '\x78'

解析：C 语言中，用一对单引号括起来的一个字符称为字符常量。另外，C 语言中还允许使用一种特殊形式的字符常量，即以"\"开头的字符序列，称为"转义字符"，其含义是将"\"后面的字符或数字转换成另外的意义。若为数字，则数字形式为 1～3 位八进制数或以 x 开头的 1～2 位十六进制数。本题中,选项 C 是非法的,因为八进制形式的有效数字为 0～7。

答案:C

【例 2.5】　C 语言中,字符串常量"abc"在内存中占用的字节数是(　　)。

A. 3　　　　　　　　B. 4　　　　　　　　C. 5　　　　　　　　D. 6

解析:C 语言中,用一对双引号括起来的一个字符序列称为字符串常量,字符序列可以是零个、一个或多个字符。字符序列中含有字符的个数称为字符串的长度。字符串常量在存储时除了存储双引号中的字符序列外,系统还会自动在最后一个字符的后面加上一个转义字符'\0',所以一个字符串常量在内存中所占的字节数是字符串的长度加 1。

答案:B

【例 2.6】　在下列定义中,变量 a 占用字节数最多的是(　　)。

A. char a;　　　　　　B. long a;　　　　　　C. float a;　　　　　　D. double a;

解析:C 语言中,一个字符型数据在内存中占用 1 个字节,一个长整型数据在内存中占用 4 个字节,一个单精度实型数据在内存中占用 4 个字节,一个双精度实型数据在内存中占用 8 个字节。

答案:D

【例 2.7】　以下能正确定义且赋初值的语句是(　　)。

A. char n1=n2='a';　　　　　　　　B. char c=32;

C. char a,b=a;　　　　　　　　　　D. char x="A";

解析:在定义变量的同时为变量赋初值,称为变量的初始化。若对同时定义的两个或两个以上的变量都初始化为同一个值,必须对每个变量分别初始化,由此可知选项 A 错误。若静态变量没有初始化,其初始值是确定的,数值型为 0,字符型为空('\0')。若定义的变量不是静态变量且没有初始化,其值是不确定的,由此可知选项 C 错误。由于不能将字符串常量赋给字符变量,由此可知选项 D 错误。由于字符数据在内存中以 ASCII 码形式存储,因此 C 语言中字符型数据和整型数据之间可以通用,选项 B 正确。

答案:B

【例 2.8】　以下定义语句中正确的是(　　)。

A. int * p=10;　　　　　　　　　　B. int a, * p=a;

C. int a, * p=&a;　　　　　　　　　D. int * p=&a,a;

解析:选项 A 和选项 B 错误,因为不能将除 0 外的基本类型数据直接赋给指针变量。选项 D 错误,因为变量必须先定义后使用。选项 C 正确,其功能是先定义变量 a,然后定义指针变量 p 并用变量 a 的地址对其初始化。

答案:C

【例 2.9】　以下程序的功能是计算半径为 r 的圆面积 s。下列程序编译时出错的原因是(　　)。

```
#include "stdio.h"
#define pi 3.14
main()
```

```
/* compute area */
{ int r;
  scanf("%d",&r);
  s=pi*r*r; printf("s=%f\n",s);
}
```

A. 注释语句书写位置错误

B. 存放圆半径的变量 r 不应该定义为整型

C. 符号常量应该用大写

D. 计算圆面积的赋值语句中使用了非法变量

解析：C 语言中,对注释语句的书写位置没有要求,选项 A 不是编译出错的原因。若求半径为整数的圆的面积,则可将存放半径的变量 r 定义为整型,选项 B 不是编译出错的原因。习惯上,符号常量用大写字母表示,但这并非规定,选项 C 不是编译出错的原因。选项 D 是编译时出错的原因。C 语言规定,变量必须先定义后使用,在程序中使用了未定义的变量 s,应补充定义"float s;"。

答案：D

【例 2.10】 下列关于单目运算符++、－－的叙述中正确的是(   )。

A. 它们的运算对象可以是任何变量和常量

B. 它们的运算对象可以是 char 型变量和 int 型变量,但不能是 float 型变量

C. 它们的运算对象可以是 int 型变量,但不能是 double 型变量和 float 型变量

D. 它们的运算对象可以是 char 型变量、int 型变量和 float 型变量

解析：++和－－运算具有赋值功能,因此,运算对象必须是变量或者是可寻址的表达式。若操作数是变量,则变量的类型可以是基本类型(对于枚举型,TC 中可以,VC++中不可以)和指针类型。

答案：D

【例 2.11】 若以下选项中的变量已正确定义,则正确的赋值语句是(   )。

A. x1＝26.8%3;   B. 1+2＝x2;   C. x3＝0x12;   D. x4＝1+2＝3;

解析：由于取余运算符"％"要求操作数都为整型,而 26.8 是实型,因此,选项 A 错误。赋值运算符"＝"的使用形式有两种,一种是"变量名＝表达式",另一种是"*(地址表达式)＝表达式",否则不可寻址。由于 1+2 是常量表达式,因此,选项 B 和选项 D 错误。选项 C 是将十六进制数 12 赋给变量 x3,赋值语句正确。

答案：C

【例 2.12】 设有定义：int k＝1,m＝2;float f＝7;,则以下选项中错误的表达式是(   )。

A. k=k>=k   B. －k++   C. k％int(f)   D. k>=f>=m

解析：选项 C 是错误的。因为强制类型转换的一般形式为:(类型标识符)(表达式),选项 C 中的类型标识符"int"没有用圆括号括起来。选项 A 等价于 k＝(k>=k),是合法的表达式。选项 B 等价于－(k++),是合法的表达式。选项 D 等价于(k>=f)>=m,是合法的表达式。

答案：C

【例 2.13】　设有定义：int a＝2,b＝3,c＝4;,则以下选项中值为 0 的表达式是
(　　)。

A.　(!a＝＝1)＆＆(! b＝＝0)　　　　　　B.　(a<b)＆＆ !c||1

C.　a ＆＆ b　　　　　　　　　　　　D.　a||(b＋b)＆＆(c－a)

解析：选项 A 的值为 0。由 a 的值不为 0,得表达式!a 的值为 0;由表达式!a 的值为
0,得表达式(!a＝＝1)的值为 0。根据逻辑与运算符"＆＆"的运算规则,无须再计算表达
式(! b＝＝0)的值,整个表达式的值为 0。对于选项 B,由于逻辑或运算符"||"的优先级
最低,且其右边的操作数为 1,所以,无论表达式(a<b)＆＆ !c 的值如何,整个表达式的
值一定为 1。对于选项 C,由于 a 和 b 都不为 0,根据逻辑与运算符"＆＆"的运算规则,表
达式 a ＆＆ b 的值为 1。对于选项 D,由于逻辑或运算符"||"的优先级最低,且其左边的
操作数 a 的值为 2,无须计算表达式(b＋b)＆＆(c－a)的值,整个表达式的值为 1。

答案：A

【例 2.14】　设有定义：int a＝1,b＝4,c＝3,d＝2;,则条件表达式 a<b?a:c<d?c:d
的值是(　　)。

A.　1　　　　　　B.　2　　　　　　C.　3　　　　　　D.　4

解析：条件运算符的结合方向为右结合,由此可知表达式 a<b?a:c<d?c:d 等价于
a<b?a:(c<d?c:d)。表达式(c<d?c:d)的值为 d 的值,表达式 a<b?a:d 的值为 a
的值。

答案：A

【例 2.15】　以下选项中,与 k＝n＋＋完全等价的表达式是(　　)。

A.　k＝n,n＝n＋1　　B.　n＝n＋1,k＝n　　C.　k＝＋＋n　　　　D.　k＋＝n＋1

解析：表达式 k＝n＋＋的功能是先将 n 的值赋给变量 k,再将 n 的值加 1。由此可
知,与选项 A 等价。选项 B 和选项 C 都是先将 n 的值加 1,再将 n 的值赋给变量 k。选项
D 等价于 k＝k＋n＋1,即将 n＋1 累加到 k 上。

答案：A

【例 2.16】　假如指针 p1 已指向某个整型变量,要使指针 p2 也指向该整型变量,正
确的语句是(　　)。

A.　p2＝＆p1;　　　B.　p2＝＊＊p1;　　　C.　p2＝＆ ＊p1;　　　D.　p2＝ ＊p1;

解析：若使指针 p2 指向指针 p1 指向的整型变量,应使用赋值语句: p2＝p1;,四个
选项中只有选项 C 与该语句等价,因为 ＆ 和 ＊ 两个运算符互为逆运算。其他三个选项的
类型都不匹配。

答案：C

【例 2.17】　设变量 a 为整型,f 是单精度实型,则表达式 a－'c'＋3.14 ＊f 值的数据类
型为(　　)。

A.　int　　　　　　B.　float　　　　　　C.　double　　　　D.　不确定

解析：C 语言中,整型、实型和字符型数据可以同时出现在表达式中进行混合运算。
在进行计算时,不同类型的数据先自动转换成同一类型,然后进行计算。转换的规则是:

若为字符型必须先转换成整型,即使用其对应的 ASCII 码;若为单精度型必须先转换成双精度型;若运算对象的类型不相同,则将低精度类型转换成高精度类型,精度从高到低的顺序是:double→long→unsigned→int。根据转换规则,本题中表达式值的类型为双精度实型。

答案:C

【例 2.18】 设 x 为整型变量,不能正确表达数学关系"4＜x＜9"的 C 语言表达式是( )。

　　A. 4＜x＜9　　　　　　　　　　B. x＞4&&x＜9

　　C. x==5||x==6||x==7||x==8　　D. !(x<=4)&&(x＜9)

解析:根据逻辑运算符"&&"的运算规则,选项 B 正确。由于!(x<=4)与 x＞4 等价,选项 D 正确。由于大于 4 且小于 9 的整型数只有 5、6、7 和 8,选项 C 正确。选项 A 是错误的,由于关系运算符的结合方向是左结合,所以,无论整型变量 x 的值是多少,表达式 4＜x＜9 的值都为 1,即结果为真。

答案:A

【例 2.19】 表达式(x=2,x+=8,x+12),x+x 的值是( )。

　　A. 2　　　　　　B. 10　　　　　　C. 20　　　　　　D. 22

解析:本题中的表达式是逗号表达式。逗号表达式的求解过程是:从左向右依次计算每个表达式的值,逗号表达式的值是最右边表达式的值,逗号表达式值的类型是最右边表达式的值的类型。依据逗号表达式求解过程,先计算表达式(x=2,x+=8,x+12)的值,表达式的值为22,同时得 x 的值为 10,然后计算表达式 x+x 的值,表达式的值为 20,该值即为所求。

答案:C

【例 2.20】 下列表达式中不等价的是( )。

　　A. a&=b 与 a=a&b　　　　　　B. a|=b 与 a=a|b

　　C. a!=b 与 a=a!b　　　　　　　D. a<<=2 与 a=a<<2

解析:C 语言中,复合赋值表达式的一般形式为:变量 op= 表达式。其中:op∈{+,−,*,/,%,&,|,^,<<,>>}。其含义为:变量=变量 op(表达式)。

答案:C

【例 2.21】 下列描述中,错误的是( )。

　　A. 函数 printf()可以向终端输出多个类型相同或类型不同的数据

　　B. 函数 putchar()只能向终端输出字符,而且只能输出一个字符

　　C. 函数 scanf()可以用来输入多个数据

　　D. 函数 getchar()只能用来输入字符,但字符的个数不限

解析:函数 printf()可以向终端输出多个任意类型的数据,选项 A 正确。函数 putchar()是输出字符函数,且一次函数调用只能输出一个字符,选项 B 正确。函数 scanf()可以输入多个同类型或不同类型的数据,选项 C 正确。函数 getchar()只能用来输入字符,且一次函数调用只能输入一个字符,选项 D 错误。

答案:D

【例 2.22】 设有定义: int a, * pa＝&a;,以下语句中能正确为变量 a 读入数据的是( )。

A. scanf("%d",pa); B. scanf("%d",a);

C. scanf("%d",&pa); D. scanf("%d", * pa);

解析:为变量 a 读入数据的语句为: scanf("%d",&a);。由于选项 A 中的 pa 与 &a 等价,因此选项 A 是正确的。在选项 B 中,使用的是变量名 a,而不是变量 a 的地址,因此选项 B 是错误的。由于选项 D 中的 * pa 与 a 等价,因此选项 D 是不正确的。在选项 C 中,使用的是指针变量 pa 的地址而不是 a 的地址,因此选项 C 是错误的。

答案:A

【例 2.23】 以下叙述中正确的是( )。

A. 调用函数 printf()时,必须要有输出项

B. 使用函数 putchar()时,必须在之前包含头文件 stdio. h

C. 在 C 语言中,整数可以以二进制、八进制或十六进制的形式输出

D. 调用函数 getchar()读入字符时,可以从键盘上输入字符所对应的 ASCII 码

解析:调用函数 printf()时,不一定要有输出项,如输出换行的函数调用为 printf("\n")。因此选项 A 是错误的。由于函数 putchar()是在头文件 stdio. h 中定义的库函数,使用之前必须要有: #include "stdio. h"或 #include ＜stdio. h＞,选项 B 是正确的。在 C 语言中,整数可以以十进制、八进制或十六进制的形式输出,不能以二进制的形式输出,选项 C 是错误的。调用函数 getchar()读入字符时,只能从键盘上输入字符,不能输入其对应的 ASCII 码,否则读入的是其 ASCII 码的第一个数字字符,因此选项 D 是错误的。

答案. B

【例 2.24】 有以下程序

```
#include <stdio.h>
main()
{ int m,n,p;
  scanf("m=%dn=%dp=%d",&m,&n,&p);
  printf("%d%d%d\n",m,n,p);
}
```

若想从键盘上输入数据,使变量 m 的值为 123,n 的值为 456,p 的值为 789,则正确的输入是( )。(注:↙表示回车,□表示空格,下同)

A. m=123n=456p=789↙ B. m=123□n=456□p=789↙

C. m=123,n=456,p=789↙ D. 123□456□789↙

解析:函数 scanf()中的格式控制字符串由普通字符和格式说明两部分组成,实际输入数据时,输入的普通字符、数据必须与格式控制字符串中的普通字符、格式说明项按次序对应,否则,变量将得不到正确的结果。本题中,m＝、n＝和 p＝必须作为普通字符原样输入。选项 A 中普通字符和数据是按次序对应输入的,因此,选项 A 是正确的。由于要输入的普通字符中没有空格和逗号,因此,选项 B 和选项 C 是错误的。由于选项 D 中缺少须输入的普通字符,因此选项 D 是错误的。

答案：A

【例 2.25】 设有定义：int x;char y;,若从键盘上输入数据,使变量 x 的值为 30,变量 y 的值为'A',则正确的输入语句及相应的数据输入是(   )。

A. scanf("%d%d%c",&x,&y);　　　　B. scanf("%2c%2d",&y,&x);

数据输入：10□30□A✓　　　　　　数据输入：BA30✓

C. scanf("%2c%*d%d",&y,&x);　　　D. scanf("%2c;%*2d%d",&y,&x);

数据输入：AB□30□10✓　　　　　数据输入：AB;1030✓

解析：函数 scanf()的数据分割主要有以下几种方法：

(1) 指定宽度：例如, scanf("%2d%3d%d",&m,&n,&p);,连续输入数据"12345678",此时,m=12,n=345,p=678。

(2) 缺省分隔符：例如,scanf("%d%d%d",&m,&n,&p);,输入的三个数据之间可以用空格、Tab 字符或回车符分割。

(3) 依赖数据差异：例如,scanf("%d%c%f",&m,&n,&p);,连续输入数据"12A34.5",此时,m=12,n='A',p=34.5。

(4) 使用普通字符：函数 scanf()中普通字符必须原样输入,可以理解成分隔符。例如,scanf("%d,%d,%d",&m,&n,&p);,输入数据"12,345,678",此时,m=12,n=345,p=678。

函数 scanf()的输入格式中允许使用一个特殊的字符"*",即输入抑制符,其作用是"跳过"一个对应的输入数据项。

在选项 A 中,格式说明项多于地址项,函数 scanf()将按由前到后的顺序把输入数据存到各地址中。因此 x 得到 10,y 得到 30,多余的数据留在键盘缓冲区,故选项 A 错误。在选项 B 中,y 得到的是字符'B',x 得到的是 30,故选项 B 错误。在选项 C 中,由于函数 scanf()的输入格式中使用抑制符"*",y 得到的是字符'A',30 被跳过,x 得到的是 10,故选项 C 错误。在选项 D 中,对于输入的数据"AB;1030",其中的"AB"对应格式%2c,使 y 得到字符'A',";"对应格式控制中的";",根据%*2d,"10"被跳过,最后的 30 赋给变量 x,故选项 D 是正确的。

答案：D

【例 2.26】 下列程序的输出结果是(   )。

```
#include <stdio.h>
main()
{ int m=12,n=34;
  printf("%d%d",m++,++n);
  printf("%d%d\n",n++,++m);
}
```

A. 12353514　　　B. 12353513　　　C. 12343514　　　D. 12343513

解析：函数调用语句 printf("%d%d",m++,++n);与下列程序段等价

n=n+1;printf("%d%d",m,n);m=m+1;

输出结果是 1235。

函数调用语句 printf("%d%d",n++,++m);与下列程序段等价

m=m+1;printf("%d%d",n,m);n=n+1;

输出结果是 3514。

整个程序的输出结果是 12353514

答案：A

【**例 2.27**】　以下程序的输出结果是（　　）。（注：□表示空格）

```
#include <stdio.h>
main()
{ printf("\n * s1=%15s * ","chinabeijing");
  printf("\n * s2=%-5s * ","chi");
}
```

A.　* s1＝chinabeijing□□□ *
　　* s2＝**chi *

B.　* s1＝chinabeijing□□□ *
　　* s2＝chi□□□ *

C.　* s1＝ * □□chinabeijing *
　　* s2＝□□chi *

D.　* s1＝□□□chinabeijing *
　　* s2＝chi□□ *

解析：对于正整数 m 和 n，函数 printf()中的格式说明"%ms"的含义是按宽度 m 输出，若 m＞数据长度，左补空格，否则按实际位数输出；格式说明"%-ms"的含义是按宽度 m 输出，若 m＞数据长度，右补空格，否则按实际位数输出；格式说明"%.ns"的含义是输出字符串的前 n 个字符。

答案：D

【**例 2.28**】　下列程序的输出结果是（　　）。

```
#include <stdio.h>
main()
{ short int a=-1;
  printf("%hd %hu %ho %hx",a,a,a,a);
}
```

A.　−1 −1 −1 −1

B.　−1 32767 −177777 −ffff

C.　−1 32768 177777 ffff

D.　−1 65535 177777 ffff

解析：C 语言中的整型数可以以十进制、八进制或十六进制的形式输出。以十进制形式输出时又分为有符号和无符号两种形式，格式说明分别为%d 和%u。以八进制和十六进制的形式输出时按无符号处理，格式说明分别为%o 和%x，若显示前导 0 或 0x，则使用附加格式说明符"#"。由于定点数在内存中以补码形式存储，因此，−1 在内存中的存储为"1111111111111111"。若将其视为有符号数，即按%d 的格式输出，则最高位为符号位，表示负数，计算出原码，值为−1；若将其视为无符号数，则最高位也被看作数据位，直接计算，对应十进制数为 65535，八进制数为 177777，十六进制数为 ffff。

答案：D

【例 2.29】 有以下程序

```
#include <stdio.h>
main()
{ char a,b,c,d;
  scanf("%c%c",&a,&b);
  c=getchar();d=getchar();
  printf("%c%c%c%c\n",a,b,c,d);
}
```

当执行程序时,按下列方式输入数据:12↙34↙

则输出结果是(   )。

A. 1234   B. 12   C. 12   D. 2
                                      3   34

解析:通过函数 scanf 函数(),a 的值是'1', b 的值是'2'。由于函数 getchar()将空格和转义字符也作为有效字符接收,因此,c 的值是回车,d 的值是'3'。

答案:B

【例 2.30】 下列程序的输出结果是(   )。

```
#include <stdio.h>
main()
{ int * p, a=10, b=1;
  p=&a;
  a= * p+b;
  printf("%d,%d\n",a, * p);
}
```

A. 10,10   B. 10,11   C. 11,11   D. 11,10

解析:由于 p=&a,因此, * p 与 a 等价。由此可知,a= * p+b 与 a=a+b 等价,a 的值为 11。

答案:C

2.3 自测试题

1. 单项选择题

(1) 下面四个选项中,均是不合法的用户标识符的是(   )。

     A. A   B. float   C. b—a   D. _123

          P_0   la0   goto   temp

          Do   _A   int   INT

(2) 在 C 语言中,正确的 int 类型常数是(   )。

     A. −2U   B. 059   C. 3a   D. 0xAF

(3) 若有定义:int x, * px=&x;,则为了得到变量 x 的值,下列表达式中正确的是(　　)。

  A. px   B. ＊px   C. ＊x   D. ＆px

(4) 若有定义：int a＝7,b＝12,c＝a&b;,则变量 c 的值是(　　)。

  A. 19   B. 4   C. 5   D. 9

(5) 若有定义：int a＝7,c＝a＞＞1;,则变量 c 的值是(　　)。

  A. 6   B. 3   C. 15   D. 22

(6) 若有说明语句：char c＝'\63';,则变量 c 的值(　　)。

  A. 包含 1 个字符   B. 包含 2 个字符

  C. 包含 3 个字符   D. 说明不合法,c 的值不确定

(7) 在 C 语言中,char 型数据在内存中的存储形式是(　　)。

  A. 补码   B. 反码   C. 原码   D. ASCII 码

(8) 若有定义：int x＝3,y＝4,z＝5;,则下面表达式中值为 0 的是(　　)。

  A. 'x'&&'y'   B. x<=y

  C. x || y＋z&&y－z   D. !((x<y)&&!z||1)

(9) 已有如下定义和输入语句,若要求 a1,a2,c1,c2 的值分别为 10,20,A 和 B,当从第一列开始输入数据时,则正确的数据输入方式是(　　)。

```
int a1,a2;  char c1,c2;
scanf("%d%d",&a1,&a2);
scanf("%c%c",&c1,&c2);
```

  A. 1020AB↙   B. 10□20↙

                 AB↙

  C. 10□□20□□AB↙   D. 10□20AB↙

(10) 根据给出的数据的输入形式和输出形式,程序中输入和输出语句的正确内容是(　　)。

```
#include <stdio.h>
main()
{ int x;  float y;
  printf("input x,y:");
  输入语句
  输出语句
}
```

输入形式为：2□3.4↙

输出形式为：x＋y＝5.40

  A. scanf("%d,%f",&x,&y);

     printf("\nx+y=%4.2f",x+y);

  B. scanf("%d%f",&x,&y);

     printf("\nx+y=%4.2f",x+y);

  C. scanf("%d%f",&x,&y);

     printf("\nx+y=%6.1f",x+y);

D. scanf("%d%3.1f",&x,&y);
    printf("\nx+y=%4.2f",x+y);

2. 程序改错题(下列每小题有一个错误,找出并修改)
(1)

```
#include  <stdio.h>
main()
{ Int a='1',b='2';
  printf("%c,",b++);
  printf("%d\n",b-a);
}
```

(2)

```
#include  <stdio.h>
main()
{ int x=2,y=3;
  z=(x++,y++);
  printf("%d",z);
}
```

(3)

```
#include  <stdio.h>
main()
{ int i=010,j=10, a=0x10;
  printf('%d,%d,%d\n',i,j,a);
}
```

(4)

```
#include  <stdio.h>
main()
{ int a=5,b=c=6,d;
  printf("%d\n",d=a>b? (a>c?a:c):b);
}
```

(5)

```
#include  <stdio.h>
main()
{ int a, * p;
  a=100;
   * p=a;
  printf("a=%d", * p);
}
```

3. 程序分析题
(1) 写出下面程序的运行结果。

```
#include  <stdio.h>
```

```
main()
{ int a,b,d=25;
  a=d/10%9;
  b=a&&(-1);
  printf("%d,%d\n",a,b);
}
```

（2）写出下面程序的运行结果。

```
#include <stdio.h>
main()
{ int a;
  a=(int)((double)(3/2)+0.5+(int)1.99*2);
  printf("%d\n",a);
}
```

（3）写出下面程序的运行结果。

```
#include <stdio.h>
main()
{ int a=4,b=5,c=0,d;
  d=!a&&!b||!c;
  printf("%d\n",d);
}
```

（4）写出下面程序的运行结果。

```
#include <stdio.h>
main()
{ int  x=5,y=6;
  printf("====%d",((++x==y++)||(x=8))?--x:--y);
  printf("###%d,%d\n",x,y);
}
```

（5）写出下面程序的运行结果。

```
#include <stdio.h>
main()
{ short int a=-1;
  a=a|0377;
  printf("%hd %ho %#hx\n",a,a,a);
}
```

4. 程序设计题

（1）编写程序，计算表达式 $\dfrac{b^2-4ac}{2a}(a\neq 0)$ 值。要求 a、b、c 的值从键盘输入。

（2）编写程序，把从键盘输入的英文字母按大写形式输出。

2.4 实验题目

(1) 若有定义 int x,a,b,c,＊p=＆x;,写出顺序执行下列表达式后 x 的值,并通过程序验证。

要求：先写出运算结果,再利用程序验证。

① x＝a＝b＝10

② x＝25％(c＝3)

③ ＊p＋＝2＋3

④ x＊＝x＋＝x－＝x

⑤ x＝((a＝4％3,a!＝1),＋＋＊p＞10)

验证程序：

```
#include  <stdio.h>
main()
{ int x,a,b,c,＊p=&x;
  x=a=b=10;
  printf("x=%d,",x);
  x=25%(c=3);
  printf("x=%d,",x);
  ＊p+=2+3;
  printf("x=%d,",x);
  x＊=x+=x-=x;
  printf("x=%d,",x);
  x=((a=4%3,a!=1),++＊p>10);
  printf("x=%d\n",x);
}
```

(2) 若有定义 int a＝2,b＝－3,c＝4,＊p＝＆a,＊q＝＆b;,计算下列各表达式的值,然后通过程序验证。

要求：先写出运算结果,然后利用程序验证。

① a＞b＆＆b＞c

② !(b＞c)＋(b!＝＊p)||(a＋b)

③ a＋＋－c＋＊q

④ ＋＋a－c＋＋＋b

⑤ b％＝c＋a－c/7

⑥ (float)(a＋b)/2＋＊q

⑦ !(a＝＝b＋c)＆＆(＊p－a)

⑧ !c＋1＋c＆＆b＋c/2

验证程序：

```
#include  <stdio.h>
```

```
main()
{ int a,b,c, * p=&a, * q=&b;
  a=2;b=-3;c=4;
  printf("a>b&&b>c=%d\n",a>b&&b>c);
  a=2;b=-3;c=4;
  printf("!(b>c)+(b!=* p)||(a+b)=%d\n",!(b>c)+(b!=* p)||(a+b));
  a=2;b=-3;c=4;
  printf("a++-c+* q=%d\n",a++-c+* q);
  a=2;b=-3;c=4;
  printf("++a-c+++b=%d\n",++a-c+++b);
  a=2;b=-3;c=4;
  printf("b%%=c+a-c/7=%d\n",b%=c+a-c/7);
  a=2;b=-3;c=4;
  printf("(float)(a+b)/2+* q=%f\n",(float)(a+b)/2+* q);
  a=2;b=-3;c=4;
  printf("!(a==b+c)&&(* p-a)=%d\n",!(a==b+c)&&(* p-a));
  a=2;b=-3;c=4;
  printf("!c+1+c&&b+c/2=%d\n",!c+1+c&&b+c/2);
}
```

（3）写出下列程序的输出结果。

要求：先写出输出结果，然后利用程序验证。

```
#include "stdio.h"
main()
{ int a=65,b=67,c=67;
  float x=67.8564,y=-789.124;
  char C='A';
  long n=1234567;
  unsigned u=65535;
  putchar(C);
  putchar('\t');
  putchar(C+32);
  putchar(a);
  putchar('\n');
  printf("%d%d\n",a,b);
  printf("%c%c\n",a,b);
  printf("%3d%3d\n",a,b);
  printf("%f,%f\n",x,y);
  printf("%-10f,%-10f\n",x,y);
  printf("%8.2f,%8.2f,%.4f,%.4f,%3f,%3f\n",x,y,x,y,x,y);
  printf("%e,%10.2e\n",x,y);
  printf("%c,%d,%o,%x\n",c,c,c,c);
  printf("%ld,%lo,%lx\n",n,n,n);
  printf("%u,%o,%x,%d\n",u,u,u,u);
```

```
        printf("%s,%5.3s\n","COMPUTER","COMPUTER");
}
```

(4) 根据输入,写出下列程序的输出结果。

要求:先写出输出结果,然后利用程序验证。

```
#include "stdio.h"
main()
{ char a,*p1=&a;
  int b,*p2=&b;
  float c,*p3=&c;
  a=getchar();
  putchar(*p1);
  putchar('\t');
  putchar(a>='a'&&a<='z'?a-32:a);
  putchar('\n');
  getchar();
  scanf("%c%d%f",&a,&b,&c);
  printf("a=%c b=%d c=%.2f\n",a,b,c);
  getchar();
  scanf("a=%cb=%dc=%f",p1,p2,p3);
  printf("a=%d b=%c c=%.2f\n",a,b,c);
}
```

输入:a↙

输出:

输入:b□65□3.1234↙

输出:

输入:a=b□b=65□c=3.1234↙

输出:

(5) 编写程序,计算半径为 r 的圆的周长、圆的面积、球的体积。

要求:输入和输出要有说明,输出结果保留两位小数。

2.5 思考题

(1) 变量、变量类型和变量值的关系如何?

(2) 若有定义:short int a=1;,试问表达式!a 与~a 的值是否相等?

(3) 表达式 7%−3 的值是多少?

(4) 当 a=3,b=2,c=1 时,表达式 f=a>b>c 的值是多少?

(5) 有函数调用:scanf("%d",k);,则不能使 float 类型变量 k 得到正确数值的原因是什么?

2.6　习题解答

1. 单项选择题（下列每小题给出 **4** 个备选答案，将其中一个正确答案填在其后的括号内）

(1) 下列哪个是合法的 C 语言用户标识符（　　）。

　　① if　　　　　　　② 1_ab　　　　　　　③ ♯ab　　　　　　　④ CHAR

解答： 标识符只能由英文字母、数字和下画线组成，且第一字符不能是数字，所以②和③是不合法的。另外，C 语言区分英文字母的大小写，且用户不能使用与关键字同名的标识符。if 和 char 是关键字，但 CHAR 不是关键字，所以①是不合法的，④是合法的。

答案： ④

(2) C 语言中，下列合法的长整型常量是（　　）。

　　① 0L　　　　　　　② 'a'　　　　　　　③ 0.012345　　　　　④ 2.134e12

解答： 在一个整型常量后加字母 L 或 l，则认为是长整型常量，所以①是合法的。②是字符常量，③和④都是实型常量。

答案： ①

(3) 字符串常量"ab\\\c\td\376"的长度是（　　）。

　　① 7　　　　　　　　② 12　　　　　　　　③ 8　　　　　　　　④ 14

解答： 在字符串中，'\\'、'\t'和'\376'是转义字符，转义字符仍然是一个字符，所以字符串的长度是 7。

答案： ①

(4) 设 m,n,a,b,c,d 的值均为 0，执行(m＝a＝＝b)||(n＝c＝＝d)后，m,n 的值是（　　）。

　　① 0,0　　　　　　② 0,1　　　　　　　③ 1,0　　　　　　　④ 1,1

解答： 表达式 a＝＝b 的值为真，由此得 m 的值为 1，表达式 m＝a＝＝b 的值为 1。根据逻辑运算符"||"的运算规则，表达式 n＝c＝＝d 没有被计算，n 的值仍然为 0。

答案： ③

(5) 设有定义：int a＝5,b;，则下列表达式值不为 2 的是（　　）。

　　① b＝a/2　　　　　　　　　　② b＝6－(－－a)

　　③ b＝a％2　　　　　　　　　　④ b＝a＞3? 2:4

解答： C 语言中，若被除数和除数都为整型，则其商为整型，将小数部分舍去，所以 a/2 的值为 2；b＝6－(－－a)等价于逗号表达式(a＝a－1,b＝6－a)，b 的值为 2；a％2 的值为 1；a＞3? 2:4 的值为 2。

答案： ③

(6) 下列运算符中，优先级最高的是（　　）。

　　① ＜＝　　　　　　② ＝　　　　　　　③ ％　　　　　　　④ & &

解答： 算术运算符、关系运算符、逻辑运算符和赋值运算符的优先级从高到低的顺序为：

$$!\rightarrow 算术运算符 \rightarrow 关系运算符 \rightarrow \& \&、||\rightarrow 赋值运算符$$

答案：③

(7) 设有定义：int x,a,b;，则执行语句 x＝(a＝3,b＝a－－);后,x、a、b 的值依次是( )。

① 3,3,2　　　　② 3,2,2　　　　③ 3,2,3　　　　④ 2,3,2

解答：(a＝3,b＝a－－)是逗号表达式,由逗号表达式的计算过程可得 a 的值为 2,b 的值为 3,逗号表达式的值就是 b 的值,所以 x 的值是 3。

答案：③

(8) 若有定义：char ch＝'A';,则下列表达式的值是( )。

$$ch＝(ch＞='A'\&\&ch＜='C')?(ch＋32):ch$$

① 'A'　　　　② 'a'　　　　③ 'Z'　　　　④ 'z'

解答：表达式(ch＞='A'\&\&ch＜='C')?(ch＋32):ch 的值为'a',则 ch 的值为'a',由此可得表达式 ch＝(ch＞='A'\&\&ch＜='C')?(ch＋32):ch 的值为'a'。

答案：②

(9) 设有定义：int a＝3,b＝4,*c＝&a;,则下面表达式中值为 0 的是( )。

① a－*c　　　② a－*b　　　③ b－a　　　④ *b－*a

解答：选项②、④没有意义,选项①的值为 0,选项③的值为 1。

答案：①

(10) 若有定义：int a,b,c;,下列表达式中,( )是合法的 C 语言赋值表达式。

① a＝7＋b＝c＝7　　　　　　② a＝b＋＋＝c＝7

③ a＝(b＝7,c＝12)　　　　　④ a＝3,b＝a＋5,c＝b－2

解答：赋值表达式中,赋值运算符的左边必须是变量或者是可寻址的表达式,所以选项①和选项②是错误的,选项④是逗号表达式,而不是赋值表达式,选项③将右边逗号表达式的值赋给左边的变量。

答案：③

(11) 设有定义：char a＝3,b＝6,c;,则执行完语句 c＝(a^b)＜＜2;后,c 的值为( )。

① 034　　　② 07　　　③ 01　　　④ 024

解答：^和＜＜都是位运算符,其操作数必须是二进制数。a^b 的值为 05,(a^b)＜＜2 值为 024。

答案：④

(12) 若有定义：float x＝1,*y＝&x;,则执行完语句 *y＝x＋3/2;后,x 的值为( )。

① 1　　　② 2　　　③ 2.0　　　④ 2.5

解答：3/2 的值为 1,由于 x 是实型变量,x＋3/2 的值为 2.0,所以 y 所指向的变量,即 x 的值为 2.0。

答案：③

(13) 设有定义：int a＝3,b＝4;,执行语句 printf("%d,%d",(a,b),(b,a));的输出是( )。

①　3,4　　　　　　②　4,3　　　　　　③　3,3　　　　　　④　4,4

解答：(a,b)和(b,a)都是逗号表达式,其值分别为 b 的值和 a 的值。

答案：②

(14)用语句 scanf("x＝%f,y＝%f",&x,&y);使 x,y 的值均为1.25,正确的输入是(　　)。

①　1.25,1.25　　　　　　　　　　②　1.25□1.25

③　x＝1.25,y＝1.25　　　　　　　④　x＝1.25□y＝1.25

解答：在使用 scanf()函数时,格式控制字符串中的普通字符必须原样输入,"x＝"、","和"y＝"都是普通字符,所以选项③是正确的。

答案：③

(15)若 a 是数值型,则逻辑表达式(a＝＝1)||(a!＝1)的值是(　　)。

①　1　　　　　　②　0　　　　　　③　2　　　　　　④　不确定的

解答：不论 a 的值如何,表达式 a＝＝1 的值和表达式 a!＝1 的值中有一个为1,根据逻辑运算符||的运算规则,逻辑表达式(a＝＝1)||(a!＝1)的值是1。

答案：①

(16)下列程序中,语句"getchar();"的作用是(　　)。

```
#include "stdio.h"
main()
{ int x;
  char c;
  scanf("%d",&x);
  getchar();
  scanf("%c",&c);
  printf("%d%c",x,c);
}
```

①　清除键盘缓冲区中的多余字符

②　接收一个字符,以便后续程序使用

③　为后续的格式输出做转换

④　无任何实际用处

解答：使用函数 scanf()或函数 getchar()接收输入,会在键盘缓冲区余下一个多余的字符'\n',也可能包括多输入的其他字符,这些字符会影响下一个接收字符或字符串的操作。本题中,语句 getchar();的作用是取走使用函数 scanf()接收输入时余下的'\n'。原因是按回车键时系统自动在键盘缓冲区中存放了两个字符'\r'和'\n',函数 scanf()只处理掉了'\r',而'\n'成了"垃圾"。

答案：①

(17)下列语句中错误的是(　　)。

①　x＝sizeof int;　　　　　　　②　x＝sizeof 3.14;

③　printf("%d",a+1,++b,c+=1);　④　printf("%d",x－－,－－x);

解答：求字节数运算符 sizeof 有两种使用格式，即 sizeof(类型标识符)和 sizeof 表达式，其中，第一种格式中的圆括号是必需的，第二种格式则可有可无。因此，选项①是错误的，选项②是正确的。调用 printf 函数时，格式控制字符串中的格式说明项个数与输出表列中表达式个数可以不相等，若表达式个数多于格式说明项个数，只按格式说明项输出对应表达式的值，多余表达式的值不输出；如果格式说明项个数多于表达式个数，通常输出一个随机值。选项③输出表达式 a+1 的值，选项④输出表达式 x−− 的值，因此选项③和选项④是正确的。

答案：①

(18) 表达式(int)3.6 ∗ 3 的值为(　　)。

　　　①　9　　　　　　　②　10　　　　　　　③　10.8　　　　　　　④　18

解答：(int)(表达式)的运算结果是表达式的整数部分，所以表达式(int)3.6 ∗ 3 的值为 3 ∗ 3，即 9。

答案：①

(19) 若有以下定义和赋值：int i=1,j=0, ∗ p=&i, ∗ q=&j;，对以下的赋值语句，叙述错误的是(　　)。

　　　①　∗ p= ∗ q; 等同于 i=j;

　　　②　∗ p= ∗ q; 是把 q 所指变量中的值赋给 p 所指的变量

　　　③　∗ p= ∗ q; 将改变 p 的值

　　　④　∗ p= ∗ q; 将改变 i 的值

解答：因为有 p=&i、q=&j，所以 ∗ p 与 i 等价、∗ q 与 j 等价。由此可知，∗ p= ∗ q 等同于 i=j，改变了 i 的值，即把 q 所指变量中的值赋给 p 所指的变量，而 p 的值不变。

答案：③

(20) 以下关于 C 语言的叙述中正确的是(　　)。

　　　①　C 语言中的注释不可以夹在变量名或关键字的中间

　　　②　C 语言中的变量可以在使用之前的任何位置定义

　　　③　在 C 语言算术表达式的书写中，运算符两侧的操作数类型必须一致

　　　④　C 语言的数值常量中夹带空格不影响常量值的正确表示

解答：在 C 语言中，注释可以在任何插入空格的地方插入。由于不能在变量名和关键字的中间插入空格，所以选项①正确。C 语言中，变量的定义只能在函数的外部、函数的说明部分、复合语句开头和函数的参数中，因此选项②错误。C 语言中，整型、实型和字符型数据可以同时出现在表达式中进行混合运算，除"%"要求操作数都为整型之外，其他算数运算符都无类型一致的要求，因此选项③错误。C 语言中的数值常量有整型常量和实型常量两种，这两种常量的表示形式中都不能有空格，因此选项④错误。

答案：①

2. 程序填空题(在下列程序的_____处填上正确的内容，使程序完整)

(1) 下列程序的功能是实现两个变量 x 和 y 的值的交换。

```
#include <stdio.h>
```

```
main()
{ int x=10,y=20;
  x+=y;
  y=x-y;
  _____①_____;
  printf("\n%d,%d",x,y);
}
```

解答：执行 x＋＝y 后，将 y 的值累加到 x 中；执行 y＝x－y 后，y 的值是原来 x 的值；若使 x 的值是原来 y 的值，则用 x 的值减去 y 的值即可。

答案：① x－＝y(或 x＝x－y)

(2) 下列程序的功能是计算一个短整型数 x 的低字节的高 4 位数。

```
#include <stdio.h>
main()
{ short int x,y;
  scanf("%d",&x);
  y=_____②_____;
  printf("%hd\n",y);
}
```

解答：先用 x 与 0x00f0 进行按位与运算，取得 x 的低字节数据，然后将取得的数据右移 4 位，即可得到低字节的高 4 位。

答案：② (x&0x00f0)>>4

(3) 下列程序的功能是将值为三位正整数的变量 x 中的数值按照个位、十位、百位的顺序拆分并输出。

```
#include <stdio.h>
main()
{ int x=123;
  printf("%d,%d,%d\n",_____③_____,x/10%10,x/100);
}
```

解答：若 x 是一个三位正整数，则表达式 x%10(或 x%100%10)的值是 x 的个位数，表达式 x/10%10(或 x%100/10)的值是 x 的十位数，表达式 x/100(或 x/10/10)的值是 x 的百位数。

答案：③ x%10 或 x%100%10

(4) 下列程序的功能是输出一个单精度实型数的绝对值。

```
#include <stdio.h>
main()
{ float x,y;
  scanf("%f",&x);
  y=_____④_____;
  printf("%f\n",y);
```

```
}
```

　　解答：由于程序中没有文件包含：#include "math. h"，所以不能使用求绝对值函数 fabs()。其方法是，若非负，则取原值，否则取其相反数，所以应填 x>=0? x：−x，或 x<0? −x：x。

　　答案：④ x>=0? x：−x 或 x<0? −x：x

　　(5) 下列程序的功能是把从键盘输入的字符输出。

```
        ⑤
main()
{ char ch;
  ch=getchar();
  printf("%c\n",ch);
}
```

　　解答：由于程序调用了系统函数 getchar()，且此函数在头文件 stdio. h 中，因此，使用前一定要有文件包含：#include "stdio. h" 或 #include <stdio. h>。

　　答案：⑤ #include "stdio. h" 或 #include <stdio. h>

　　3. 程序改错题（下列每小题有一个错误，找出并改正）

　　(1)

```
#include <stdio.h>
main()
{ int a,b;
  float x,y,z;
  scanf("%f%f%f",&x,&y,&z);
  a=b=x+y+z;
  c=a+b;
  printf("%d%d%d",a,b,c);
}
```

　　解答：在 C 语言中，变量必须先定义后使用，该程序中使用了未定义的变量 c。

　　答案：错误行：int a,b;
　　　　　　改正为：int a,b,c;

　　(2)

```
#include <stdio.h>
main()
{ int a=b=10;
  a+=b+5;
  b*=a+=10;
  printf("%d%d\n",a,b);
}
```

　　解答：C 语言中，在定义变量时可以为变量赋初值，但必须对每个变量分别赋值，即使几个变量具有相同的初始值也是如此。

　　答案：错误行：int a＝b＝10；

　　　　　　改正为：int a＝10，b＝10；

　　（3）下列程序的功能是输入一个有两位小数的单精度实型数，然后输出其整数部分。

```
#include <stdio.h>
main()
{ float x;
  long y;
  scanf("%.2f",&x);
  y=x * 100/100;
  printf("%ld\n",y);
}
```

　　解答：使用函数 scanf()输入数据时不能指定精度。

　　答案：错误行：scanf("%.2f",&x);

　　　　　　修改为：scanf("%f",&x);

　　（4）下列程序的功能是输入一个英文字符，然后输出其 ASCII 码值。

```
#include  <stdio.h>
main()
{ char ch;
  scanf("%c",ch);
  printf("%d\n",ch);
}
```

　　解答：函数 scanf()的一般调用格式为：scanf("格式控制字符串",地址表列)，地址表列中的每一项必须为地址，是输入数据要存入的存储单元的地址。

　　答案：错误行：scanf("%c",ch);

　　　　　　修改为：scanf("%c",&ch);

　　（5）下列程序的功能是输入变量 x 的值，输出 $2x+10$ 的值。

```
#include <stdio.h>
main()
{ float x,y;
  scanf("%f",&x);
  y=2x+10;
  printf("%f\n",y);
}
```

　　解答：$y=2x+10$ 是数学表达式，其对应的 C 语言表达式是 y＝2 * x＋10。

　　答案：错误行：y＝2x＋10；

　　　　　　修改为：y＝2 * x＋10；

4．程序分析题

（1）写出下面程序的运行结果。

```
#include  <stdio.h>
main()
{ int x=3,y=3,z=1;
  printf("%d    %d\n",(++x,y++),z+2);
}
```

解答：第一个格式说明项输出的是逗号表达式（＋＋x,y＋＋）的值，即 y 的值，其值为 3，第二个格式说明项输出的是算术表达式 z＋2 的值，其值也为 3。

答案：3　　3

（2）写出下面程序的运行结果。

```
#include  <stdio.h>
main()
{ int  a=1,b=0;
  printf("%d, ",b=a+b);
  printf("%d\n",a=2+b);
}
```

解答：第一次调用 printf 函数输出赋值表达式 b＝a＋b 的值（其值为 1）和"，"，第二次调用 printf 函数输出赋值表达式 a＝2＋b 的值（其值为 3）。

答案：1，3

（3）写出下面程序的运行结果。

```
#include <stdio.h>
main()
{ char A1,A2;
  A1='A'+'8'-'4';
  A2='A'+'8'-'5';
  printf("%c,%d\n",A1,A2);
}
```

解答：A1='A'+'8'－'4'＝65＋56－52＝69，对应的字符为 E。A2='A'+'8'－'5'＝65＋56－53＝68。

答案：E,68

（4）写出下面程序的运行结果。

```
#include <stdio.h>
main()
{ int m=1,n=2,* p=&m,* q=&n,* r;
  r=p;p=q;q=r;
  printf("%d,%d,%d,%d\n",m,n,* p,* q);
}
```

解答：初始化时，p 指向 m、q 指向 n，然后交换 p 和 q 的值，即 p 指向 n、指向 m。

答案：1，2，2，1

（5）写出下面程序的运行结果。

```
#include <stdio.h>
main()
{ int  x=20;
  printf("%d  ",0<x<20);
  printf("%d\n",0<x&&x<20);
}
```

解答：关系运算符＜的结合方向为左结合，表达式 0＜x 的值为 1，由此可知，表达式 0＜x＜20 的值为 1；关系运算符＜的优先级高于逻辑运算符＆＆，表达式 0＜x 的值为 1，表达式 x＜20 的值为 0，根据逻辑运算符 ＆＆ 的运算规则，表达式 0＜x＆＆x＜20 的值为 0。

答案：1 0

（6）写出下面程序的运行结果。

```
#include  <stdio.h>
main()
{ char a,b,c,d;
  scanf("%c%c",&a,&b);          /*输入:12↙34↙ */
  c=getchar();
  d=getchar();
  printf("%c%c%c%c\n",a,b,c,d);
}
```

解答：由于调用函数 scanf() 和 getchar() 输入字符型数据时，空格和转义字符都作为有效字符接收，因此，a 的值为'1'，b 的值为'2'，c 的值为'↙'，d 的值'3'。

答案：12

　　　　3

（7）写出下面程序的运行结果。

```
#include <stdio.h>
main()
{ int a=1,b=1,c=1;
  b=b+c;
  a=a+b;
  printf("%d,",a<b?b:a),
  printf("%d,",a<b?a++:b++);
  printf("%d,%d",a,b);
}
```

解答：执行完 b＝b+c 和 a＝a+b 后，a 的值为 3，b 的值为 2。条件表达式 a＜b？b：a 的值是 a 和 b 的最大值，其值为 3。由于 a＜b 的值为假，所以条件表达式 a＜b？a++：b++ 等价于逗号表达式 a＜b？a：b，b++，表达式 a＜b？a++：b++ 的值为 b 的值，其值为2,然后b值自加1,其值为3。

答案:3,2,3,3

(8) 写出下面程序的运行结果。

```
#include <stdio.h>
main()
{ int a=2,b=2,c=2;
  printf("%d\n",a/b&c);
}
```

解答:算术运算符/的优先级高于位运算符 &,表达式 a/b 的值为 1,表达式 1&2 的值为 0。

答案:0

(9) 写出下面程序的运行结果。

```
#include <stdio.h>
main()
{ int x=10,y=20,* p=&x,* q=&y;
  * p * =5, * q%= * p+50;
  printf("%d,%d\n",x,y);
}
```

解答:* p 与 x 等价,* q 与 y 等价。* p * =5 执行后 x 的值为 50,* q%= * p+50 执行后 y 的值为 20。

答案:50,20

(10) 写出下面程序的运行结果。

```
#include  <stdio.h>
main()
{ char c1='t',c2='b',c3='\101',c4='\116';
  printf("\r123\t456%c\r456\b7\n",c1);
  printf("\r\b\b%c\\%c\r%c\r%c\r  \n",c1,c2,c3,c4);
}
```

解答:c3='A', c4='N'。'\t'的功能是横向跳格(即到下一个制表站),'\r'的功能是回车(即到光标所在行的行首),'\n'的功能是换行(即到光标所在行的下一行的行首),'\b'的功能是退格(即光标前移一个字符位置,并删除前面的字符)。

答案:457   456t
   b

5. 程序设计题

(1) 输入三个单精度数,输出其中最小值。

解答:使用条件表达式。

```
#include "stdio.h"
```

```
main()
{ float x,y,z,min;
  printf("input three real numbers:");
  scanf("%f%f%f",&x,&y,&z);
  min=x<y?x:y;                    /* 求 x、y 的最小值 */
  min=min<z?min:z;                /* 求 x、y、z 的最小值 */
  printf("min=%f\n",min);
}
```

（2）输入两个整型数，输出这两个数的平方和。

解答：求 x^y 的系统函数为 pow(x,y)，在头文件 math.h 中。x^2 也可写为 x * x。

```
#include "stdio.h"
main()
{ int a,b,sum;
  printf("input two integer numbers:");
  scanf("%d%d",&a,&b);
  sum=a * a+b * b;
  printf("sum=%d\n",sum);
}
```

（3）输入三角形的三边长，输出三角形的面积。

计算面积的公式为 $area=\sqrt{s(s-a)(s-b)(s-c)}$

其中，a,b,c 为三边长，$s=\dfrac{a+b+c}{2}$。

解答：输入能构成三角形的 3 个实型数，根据公式计算面积。C 语言中，开平方函数为 sqrt()，在头文件 math.h 中。

```
#include "math.h"
#include "stdio.h"
main()
{ float a,b,c,s,area;
  printf("input three edges:");
  scanf("%f%f%f",&a,&b,&c);
  s=(a+b+c)/2;
  area=sqrt(s * (s-a) * (s-b) * (s-c));
  printf("area=%.2f\n",area);
}
```

（4）利用指针交换两个变量的值。

解答：定义两个指针变量 p 和 q，并使其分别指向要交换值的两个变量，然后交换 * p 和 * q 即可。

```
#include "stdio.h"
main()
{ int a=5,b=10, * p, * q,temp;
```

```
    printf("before swap a=%d,  b=%d\n",a,b);
    p=&a;q=&b;
    temp= * p; * p= * q; * q=temp;
    printf("after swap  a=%d,  b=%d\n",a,b);
}
```

(5) 输入一个华氏温度 F,根据下列公式输出其对应的摄氏温度 C。

$$C=\frac{5}{9}(F-32)$$

解答:数学表达式 $C=\frac{5}{9}(F-32)$ 对应的 C 语言表达式为 $C=5.0/9*(F-32)$。

```
#include "stdio.h"
main()
{ float C,F;
  printf("input F:");
  scanf("%f",&F);
  C=5.0/9 * (F-32);
  printf("C=%.2f\n",C);
}
```

2.7 自测试题参考答案

1. 单项选择题
(1) C   (2) D   (3) B   (4) B   (5) B   (6) A   (7) D
(8) D   (9) D   (10) B

2. 程序改错题
(1)
错误行:Int a='1',b='2 ';
修改为:int a='1',b='2 ';
(2)
错误行:int x=2,y=3;
修改为:int x=2,y=3,z;
(3)
错误行:printf('%d, %d, %d\n',i,j,a);
修改为:printf("%d, %d, %d\n",i,j,a);
(4)
错误行:int a=5,b=c=6,d;
修改为:int a=5,b=6,c=6,d;
(5)
错误行: * p=a;

修改为：p＝&a；

3. 程序分析题

(1) 2,1   (2) 3   (3) 1

(4) ＝＝＝＝5＃＃＃5,7   (5) －1   177777   0xffff

4. 程序设计题

(1)

```c
#include <stdio.h>
main()
{ float a,b,c,result;
  printf("input a,b,c:");
  scanf("%f%f%f",&a,&b,&c);
  result=(b*b-4*a*c)/(2*a);
  printf("result=%.2f",result);
}
```

(2)

```c
#include <stdio.h>
main()
{ char ch;
  printf("input ch:");
  scanf("%c",&ch);
  ch=ch>='a'&&ch<='z'?ch-32:ch;
  printf("%c\n",ch);
}
```

2.8 实验题目参考答案

(1)

① x＝10   ② x＝1   ③ x＝6   ④ x＝0   ⑤ x＝0

(2)

① a>b&&b>c＝0

② !(b>c)+(b!=*p)||(a+b)＝1

③ a++-c+*q＝-5

④ ++a-c+++b＝-4

⑤ b%=c+a-c/7＝-3

⑥ (float)(a+b)/2+*q＝-3.500000

⑦ !(a==b+c)&&(*p-a)＝0

⑧ !c+1+c&&b|-c/2＝1

(3)

A   aA

6567

AC

  65 67

67.856400,−789.124023

67.856400 ,−789.124023

    67.86,−789.12,67.8564,−789.1240,67.856400,−789.124023

6.78564e+01,−7.9e+02(TC)/6.785640e+001,−7.89e+002(VC++)

C,67,103,43

1234567,4553207,12d687

65535,177777,ffff,−1

COMPUTER，COM

(4)

输入：a↙

输出：a   A

输入：b□65□3.1234↙

输出：a＝b b＝65 c＝3.12

输入：a＝b□b＝65□c＝3.1234↙

输出：a＝98 b＝A c＝3.12

(5)

```
#define PI 3.14
#include "stdio.h"
main()
{ float r,L,S,V;
  printf("Input radius:");
  scanf("%f",&r);
  L=2 * PI * r;
  S=PI * r * r;
  V=4.0/3 * PI * r * r * r;
  printf("L=%.2f\nS=%.2f\nV=%.2f\n",L,S,V);
}
```

2.9   思考题参考答案

（1）答：在编译时编译程序根据变量的类型为其分配内存单元。变量被定义后，变量名是固定的，但变量的值可以随时被改变，变量值存放在为变量分配的内存单元中。在程序运行的每个时刻，变量都有其当前值，即使变量从没被赋值，也有一个不确定的值（静态变量除外），其值是变量分配到的内存单元中的原有值。

（2）**答**：不相等。"！"是逻辑非运算符，其运算规则是：若运算对象为真（非 0），则运算结果为假（0）；若运算对象为假（0），则运算结果为真（1）。由此可知，表达式！a 的值是 0。"～"是按位取反运算符，其运算规则是：将一个二进制数按位取反，即 1 变 0，0 变 1。由此可知，表达式～a 的值为－2。

（3）**答**：表达式 7％－3 的值是 1。"％"是取余（模）运算符，要求被除数和除数必须同为整型数，运算结果的符号与被除数相同。表达式 7％－3 和 7％3 的值是 1，表达式－7％－3 和－7％3 的值是－1。

（4）**答**：由于关系运算的优先级高于赋值运算符，且关系运算符的结合方向为左结合，因此，表达式 f＝a＞b＞c 与表达式 f＝((a＞b)＞c) 等价。表达式 a＞b 的值为 1，表达式 1＞c 的值为 0，所以 f 的值为 0，

（5）**答**：① 未指明 k 的地址。

② 格式控制符与变量类型不匹配。

正确形式应该是：scanf("％f",&k);

CHAPTER

第 3 章 控制语句与预处理命令

3.1 内容概述

本章主要介绍了分支语句、循环语句、无条件转移语句以及宏定义、文件包含和条件编译等编译预处理命令。本章知识结构如图 3.1 所示。

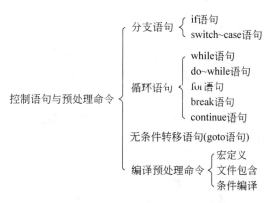

图 3.1 第 3 章知识结构

考核要求：熟练掌握 if 语句、switch～case 两种分支语句的特点和实际运用。熟练掌握 while 语句、do～while 语句、for 语句三种循环语句执行过程、用法、区别以及三种循环格式之间的转换和嵌套。掌握宏定义和文件包含的使用。掌握 break 语句和 continue 语句的特点和使用。了解 goto 语句的使用。

重点难点：本章的重点是实现分支结构的两个语句和实现循环结构的三个语句的运用。本章的难点是分支语句的嵌套和循环语句的嵌套。

核心考点：分支语句的格式及使用、循环语句的格式及使用、宏定义及宏调用。

3.2 典型题解析

【例 3.1】 下列关于 if 后面圆括号内"表达式"值的叙述正确的是(　　　)。

A. 必须是逻辑值 　　　　　　　　　　B. 必须是整数值

C. 必须是正数 　　　　　　　　　　　D. 可以是任意合法的数值

解析：if 后面表达式的值应该是逻辑值,即"真"或"假",但 C 语言中没有逻辑类型的数据。C 语言规定,表达式值为 0 代表"假",表达式值为非 0 代表"真",因此,表达式的值可以是任意合法的数值。

答案：D

【例 3.2】 设有定义：int a＝3,b＝2,c;,以下语句中执行效果与其他三个不同的是(　　　)。

A. if(a＞b) c＝a,a＝b,b＝c; 　　　　B. if(a＞b){c＝a,a＝b,b＝c;}

C. if(a＞b) c＝a;a＝b;b＝c; 　　　　D. if(a＞b){c＝a;a＝b;b＝c;}

解析：单分支 if 语句的一般形式为:

```
if(表达式)  语句
```

其执行过程是：计算表达式的值,若结果为真(非 0),执行后面的语句;若结果为假(0),不执行该语句。其中的语句可以是任意语句。

本题中,由于"c＝a,a＝b,b＝c;"是一个语句,因此选项 A 与选项 B 等价。选项 D 中的语句是复合语句:{c＝a;a＝b;b＝c;},其功能与选项 A 等价。选项 C 中的语句是表达式语句 c＝a;。由此可知,选项 C 的执行效果与其他三个不同。

答案：C

【例 3.3】 下列条件语句中,功能与其他语句不同的是(　　　)。

A. if(a) printf("%d\n",x); else printf("%d\n",y);

B. if(a＝＝0) printf("%d\n",y); else printf("%d\n",x);

C. if(a!＝0) printf("%d\n",x); else printf("%d\n",y);

D. if(a＝＝0) printf("%d\n",x); else printf("%d\n",y);

解析：双分支 if 语句的一般形式为:

```
if(表达式) 语句 1
else   语句 2
```

其执行过程是：计算 if 后面的表达式,若结果为真(非 0),则执行语句 1;否则执行语句 2。其中的语句可以是任意语句。

本题中,由于 if(a)与 if(a!＝0)等价,所以选项 A 和选项 C 等价,即 a 不为 0,输出 x,否则输出 y。对于选项 B,如果 a 为 0,输出 y,否则输出 x,功能与选项 A 和选项 C 相同。对于选项 D,如果 a 为 0,输出 x,否则输出 y,功能与其他语句不同。

答案：D

【例 3.4】 下列程序运行后的输出结果是(　　　)。

```
#include <stdio.h>
main()
{ int x=5,y=10;
  if(x>20) y++;
  else if(x>10) y+=2;
      else if(x>5) y+=3;
          else y+=4;
  printf("%d\n",y);
}
```

A. 14　　　　　　B. 13　　　　　　C. 12　　　　　　D. 11

解析：多分支 if 语句的一般形式为：

```
if(表达式 1)  语句 1
else  if(表达式 2)  语句 2
      else  if(表达式 3)  语句 3
              ……
              else  if(表达式 n)  语句 n
                  else 语句 n+1
```

其执行过程是：计算表达式 1,若值为真(非 0),执行语句 1,否则计算表达式 2;若其值为真(非 0),执行语句 2;以此类推,若 n 个表达式的结果都为假(0),则执行语句 n+1。

本题中,由于表达式 x>20、x>10、x>5 的值都为 0(假),所以执行语句：y+=4;,y 的值为 14。

答案：A

【例 3.5】 下列程序运行后的输出结果是(　　　　)。

```
#include <stdio.h>
main()
{ int a=1,b=2,c=3,d=0;
  if(a==1)
    if(b!=2)
      if(c==3)    d=1;
      else        d=2;
    else if(c!=3) d=3;
        else      d=4;
  else            d=5;
  printf("%d\n",d);
}
```

A. 1　　　　　　B. 2　　　　　　C. 3　　　　　　D. 4

解析：嵌套的 if 语句的一般形式为：

```
if(表达式 1)
  if(表达式 2) 语句 1
```

```
  else 语句 2
else
  if(表达式 3) 语句 3
  else 语句 4
```

其执行过程是:计算表达式 1,如果表达式 1 的值为真(非 0),计算表达式 2;若表达式 2 的值为真(非 0),执行语句 1,否则执行语句 2;如果表达式 1 的值为假(0),计算表达式 3;若表达式 3 的值为真(非 0),执行语句 3,否则执行语句 4。

本题中,先计算表达式 a==1 的值,其值为 1(真);然后计算表达式 b!=2 的值,其值为 0(假);再计算表达式 c!=3 的值,其值为 0(假),执行语句:d=4;,输出结果为 4。

答案:D

【例 3.6】 下列正确的程序段是( )。

A. int a=1,b=2;
   switch(a)
   { case b: a+=2;break;
     case b+2: a+=4;break;
     case b+4: a+=8;break;
   }

B. int a=10,b;
   switch(a)
   { case 10.0: b=3;break;
     case10.1: b=4;break;
     case 10.2: b=5;break;
   }

C. #define b 11
   int a=10, z;
   switch(a)
   { case 12: z=3;break;
     case b+1: a+=10;break;
     case b-10: b-=20;break;
   }

D. int a=0,b;
   switch(a)
   { case 3:
     case 1:b=10;break;
     case 2:b=15;break;
     case 0:b=20;
   }

解析:switch 语句的一般形式为:

```
switch(表达式)
{ case 常量表达式 1:语句 1   [break;]
  case 常量表达式 2:语句 2   [break;]
            ......
  case 常量表达式 n:语句 n   [break;]
  default:语句 n+1; [break;]
}
```

其执行过程是:首先计算 switch 后面圆括号中表达式的值,然后用其结果依次与各 case 后面常量表达式的值进行比较,若相等,执行该 case 后面的语句。执行时,如果遇到 break 语句,就退出 switch～case 语句,转至花括号的下方,否则顺序往下执行。若与各 case 后面常量表达式的值都不相等,则执行 default 后面的语句。

本题中,选项 A 错误,因为 C 语言要求 case 后面的表达式必须为常量表达式。选项 B 错误,因为 C 语言要求 case 后面常量表达式的值必须为整型、字符型或枚举型。选项 C

错误,因为 C 语言要求各 case 后面常量表达式的值必须互不相同,且 b 为常量,不能被赋值。

答案:D

【例 3.7】 下列程序运行后的输出结果是( )。

```
#include <stdio.h>
main()
{ int a=16,b=22,m=0;
  switch(a%3)
  { case 0:m+=1;break;
    case 1:m+=2;
    switch(b%3)
    { default:m+=3;
      case 1: m+=4;break;
    }
  }
  printf("%d\n",m);
}
```

A. 2   B. 3   C. 5   D. 6

解析:该题考查 switch 语句的嵌套。先计算表达式 a%3 的值,值为 1,执行语句:m+=2;,使变量 m 的值为 2,然后计算表达式 b%3 的值,其值为 1,执行语句:m+=4;break;使变量 m 的值为 6,退出内层 switch 语句,再退出外层 switch 语句。

答案:D

【例 3.8】 为使下列程序的输出结果为 t=4,则输入变量 a 和 b 应满足的条件是( )。

```
#include <stdio.h>
main()
{ int s,t,a,b;
  scanf("%d,%d",&a,&b);
  s=1; t=1;
  if(a>0) s=s+1;
  if(a>b) t=s+t;
  else t=2 * s;
  printf("t=%d",t);
}
```

A. a>0   B. a>b   C. b<a≤0   D. 0<a≤b

解析:若 a>0 且 a>b,则 t 的值为 3;若 a>0 且 a≤b,则 t 的值为 4;若 a≤0 且 a>b,则 t 的值为 2;若 a≤0 且 a≤b,则 t 的值为 2。

答案:B

【例 3.9】 下列程序段不是死循环的是( )。

A. int i＝10; B. int i＝1;

    while(1)   while(i);i－－;

    { i＝i％10＋1;

      if(i＞10) break;

    }

C. int i; D. int i;

    do { i＝0;i＋＋;} while(i＜＝0);   for(i＝1; ;i＋＋);

解析: C语言的三个循环语句都有一个循环终止条件,且都是在条件为真(非0)时循环继续,条件为假(0)时循环终止。另外,可通过在循环体中使用 break 语句或 goto 语句终止循环。

本题中,选项 A 是错误的,因为循环条件总为真且表达式 i＞10 的值总为假,循环不能终止。选项 B 是错误的,因为循环体是空语句(;),循环变量 i 的值不变(其值为1),循环条件总为真,循环不能终止。选项 C 是正确的,因为循环执行1次后,i 的值为1,循环条件 i＜＝0 的值为假,退出循环。选项 D 是错误的,因为在 for 语句中,若表达式2省略,则认为表达式2的值始终为真,即循环条件总为真,循环不能终止。

答案: C

【例 3.10】 若变量已正确定义,不能完成求 5! 计算的程序段是( )。

A. for(i＝1,p＝1;i＜＝5;i＋＋) p＊＝i;

B. for(i＝1;i＜＝5;i＋＋){ p＝1; p＊＝i;}

C. i＝1;p＝1;while(i＜＝5){p＊＝i;i＋＋;}

D. i＝1;p＝1;do{ p＊＝i;i＋＋; }while(i＜＝5);

解析: 选项 B 不能完成求 5! 的计算,因为每次循环都先将变量 p 的值置1,这样,p＊＝i 等价于 p＝i,p 的最终值是5。

答案: B

【例 3.11】 下列程序运行后的输出结果是( )。

```
#include  <stdio.h>
main()
{ int a=1, b=2;
  for(;a<8;a++){b+=a;a+=2;}
  printf("%d,%d\n",a,b);
}
```

A. 9,18   B. 8,11   C. 7,11   D. 10,14

解析: for 语句的一般形式为:

for (表达式1;表达式2;表达式3)

    循环体

其执行过程为:

① 计算表达式1,转②。

② 计算表达式 2,若其值为非 0,转③;否则转⑤。

③ 执行循环体,转④。

④ 计算表达式 3,转②。

⑤ 退出循环,执行循环体下面的语句。

根据 for 语句的执行过程,本题中的 for 语句等价于下列语句:

```
for(;a<8;a+=3) b+=a;
```

由于循环变量 a 的初值为 1,步长为 3,因此,循环次数为 3 次(a=1,4,7),每次循环将 a 的值累加到 b。当 a 的值为 10 时退出循环,此时 b 的值为 14(2+1+4+7)。

答案:D

【例 3.12】　下列程序运行后的输出结果是(　　　)。

```
#include  <stdio.h>
main()
{ int i,j,m=1;
  for(i=1;i<3;i++)
  { for(j=3;j>0;j--)
    { if(i*j>3) break;
      m*=i*j;
    }
  }
  printf("m=%d\n",m);
}
```

A. m=6　　　　　　B. m=2　　　　　　C. m=4　　　　　　D. m=5

解析:break 语句只能在循环语句和 switch 语句中使用。用于 switch 语句时,退出包含它的最内层的 switch 语句;用于循环语句时,退出包含它的最内层的循环。

本题中,外层循环只执行 2 次,这 2 次循环的执行情形如下:

当 i=1 时,内层循环执行 3 次(j=3,2,1)。每次内循环执行语句"m*=i*j;",故内循环结束时 m=6。

当 i=2 时,内循环执行 1 次(j=3)。由于 2*3>3 为真,因此执行 break 语句,退出内循环。

答案:A

【例 3.13】　下列程序运行后的输出结果是(　　　)。

```
#include  <stdio.h>
main()
{ int m=14,n=63;
  while(m!=n)
  { while(m>n) m=m-n;
    while(m<n) n=n-m;
  }
  printf("%d\n",m);
```

```
}
```

A. 0　　　　　　B. 7　　　　　　C. 14　　　　　　D. 63

解析：while 语句的一般形式为：

while(表达式)　循环体

其执行过程为：

① 计算 while 后面圆括号中表达式的值,若其结果为非 0,转②;否则转③。

② 执行循环体,转①。

③ 退出循环,执行循环体下面的语句。

该程序的功能是计算两个数的最大公约数。

答案：B

【**例 3.14**】　下列程序运行后的输出结果是(　　　)。

```
#include <stdio.h>
main()
{ int x=9;
  do
  { if(x%3==0)
    { printf("%d",--x);--x;continue;}
    else x--;
  }while(x>1);
}
```

A. 741　　　　　　B. 852　　　　　　C. 963　　　　　　D. 876

解析：do~while 语句的一般形式为：

do 循环体 while(表达式);

其执行过程为：

① 执行循环体,转②。

② 计算 while 后面圆括号中表达式的值,若其结果为真(非 0),转①;否则转③。

③ 退出循环,执行循环体下面的语句。

continue 语句只能在循环语句的循环体内使用,其功能是结束本次循环,跳过循环体中尚未执行的部分,进行下一次是否执行循环的判断。在 while 语句和 do~while 语句中,continue 把程序控制转到 while 后面的表达式处。在 for 语句中,continue 把程序控制转到表达式 3 处。continue 语句和 break 语句都只对包含它们的最内层循环结构起控制作用。

该程序的功能是:若 x%3==0,则输出 x-1,其中,x 是 9~2 的整数。

答案：B

【**例 3.15**】　下列程序运行时,若输入 1 2 3 4 5 0<回车>,则输出结果是(　　　)。

```
#include <stdio.h>
main()
```

```
{ int s;
  scanf("%d",&s);
  while(s>0)
  { switch(s)
    { case 1:printf("%d",s+5);
      case 2:printf("%d",s+4); break;
      case 3:printf("%d",s+3);
      default:printf("%d",s+1);break;
    }
    scanf("%d",&s);
  }
}
```

A. 6566456　　　　B. 66656　　　　C. 66666　　　　D. 6666656

解析：本题中，循环执行 5 次，这 5 次的执行情形如下：

第 1 次循环：s=1，依次输出表达式 s+5 和 s+4 的值(6 和 5)。由此可知选项 B、C、D 错误。

第 2 次循环：s=2，输出表达式 s+4 的值(6)。

第 3 次循环：s=3，依次输出表达式 s+3 和 s+1 的值(6 和 4)。

第 4 次循环：s=4，输出表达式 s+1 的值(5)。

第 5 次循环：s=5，输出表达式 s+1 的值(6)。

答案：A

【**例 3.16**】　以下程序的功能是从键盘上输入若干整数，当输入−1 时结束输入，统计并输出−1 之前的所有整数的最大值和最小值，并输出共输入了几个整数(−1 之前)，请填空。

```
#include <stdio.h>
main()
{ int x,amax,amin,n=0;
  scanf("%d",&x);
  if(x!=-1)
  { amax=x;amin=x;}
  while(_____①_____)
  { _____②_____;
    if(x>amax) amax=x;
    if(x<amin) amin=x;
    _____③_____;
  }
  if(n==0) printf("no valid input\n");
  else   printf("\nn=%d,amax=%d,amin=%d\n",n,amax,amin);
}
```

解析：程序中，amax 存放最大值，amin 存放最小值，n 存放数据个数。由于数据输入结束的条件是—1,故①处填写 x!=—1。若输入的数据不为—1,则计数器 n 的值加 1,故②处填写 n++,或++n,或 n+=1,或 n=n+1;当前数据处理完后,需从键盘接收下一个数据,故③处填写 scanf("%d",&x)。

答案:① x!=—1　②n++,或++n,或 n+=1,或 n=n+1　③ scanf("%d",&x)

【例 3.17】 从键盘输入 10 名学生 4 门课程的成绩,编写程序,计算并输出平均分大于等于 60 的学生的平均成绩。

解析:对每名学生,先计算 4 门课程的总成绩,然后计算平均分,若大于等于 60,则输出。

```
#include <stdio.h>
#define N 10
main()
{ int n,k;
  float score,sum,ave;
  for(n=1;n<=N;n++)
  { sum=0;
    for(k=1;k<=4;k++)
    { scanf("%f",&score); sum+=score;}
    ave=sum/4.0;
    if(ave>=60) printf("NO%d:%f\n",n,ave);
  }
}
```

【例 3.18】 编写程序,输出 1000 之内的完数。所谓"完数"是指一个数恰好等于它的因子(包括 1 但不包括本身)之和。例如:6 的因子是 1、2、3,6=1+2+3,则 6 是一个完数。

解析:对 1 至 999 之间的每个数,找出它的所有因子并求和。若所有因子之和与该数相等,则输出。

```
#include<stdio.h>
main()
{ int i,j,m;
  for(i=1;i<1000;i++)
  { m=0;
    for(j=1;j<=i/2;j++)
     if(i%j==0) m+=j;          /* 找因子并求和 */
    if(i==m) printf("%4d",i);  /* 输出完数 */
  }
}
```

【例 3.19】 编写程序,从键盘输入一个正整数,输出其各位数字的平方之和。

解析:利用取余运算,从个位开始依次取出正整数的各位,计算每位数的平方并累加。

```
#include <stdio.h>
main()
{ int n,sum=0;                   /* n存放正整数,sum存放 n 的各位数字的平方之和 */
  scanf("%d",&n);                /* 输入正整数 */
  while(n)
  { sum+= (n%10) * (n%10);       /* 将 n 个位数的平方累加到 sum */
    n/=10;                       /* 将 n 的个位数删除 */
  }
  printf("%d\n",sum);            /* 输出 n 的各位数字的平方和 */
}
```

【例 3.20】 以下程序中,for 语句循环体执行的次数是_____。

```
#define N 3
#define M N+1
#define K M+1 * M/2
#include <stdio.h>
main()
{ int i;
  for(i=1;i<K;i++)
  { … }
    ⋮
}
```

解析: K＝M＋1＊M/2＝N＋1＋1＊N＋1/2＝3＋1＋1＊3＋1/2＝7,循环次数为 7－1＝6。若将"＃define M N＋1"修改为:"＃define M(N＋1)",则 K＝M＋1＊M/2＝(N＋1)＋1＊(N＋1)/2＝(3＋1)＋1＊(3＋1)/2＝6,循环次数为 6－1＝5。

答案: 6

【例 3.21】 以下程序运行后的输出结果是_____。

```
#include <stdio.h>
#define S(x) 4 * x * x+1
main()
{ int i=6,j=8;
  printf("%d\n",S(i+j));
}
```

解析: S(i＋j)＝4＊i＋j＊i＋j＋1＝4＊6＋8＊6＋8＋1＝81。若将"＃define S(x)4＊x＊x＋1"修改为"＃define S(x)4＊(x)＊(x)＋1",则 S(i＋j)＝4＊(i＋j)＊(i＋j)＋1＝4＊(6＋8)＊(6＋8)＋1＝785。

答案: 81

【例 3.22】 下列叙述中错误的是(　　)。

A. ＃include 命令可以包含一个含有函数定义的 C 语言源程序文件

B. 使用＃include ＜文件名＞的形式比使用＃include "文件名"省编译时间

C. #include "C:\\USER\\F1. H"是正确包含命令,表示文件 F1. H 存放在 C 盘的 USER 目录下。

D. #include <文件名>和#include "文件名"的文件名之前可以包括路径

解析:文件包含的一般格式为:#include "文件名"或#include <文件名>。文件包含的基本作用是将指定的文件内容包含到当前文件中,文件可以是系统提供的,也可是用户编写的。因此,选项 A 正确。两种格式的区别是:#include <文件名>格式,系统直接到系统指定的路径去搜索文件;#include "文件名"格式,系统先在当前目录搜索被包含的文件,若没找到,再到系统指定的路径去搜索。因此,选项 B 正确。两种格式的文件名前都可以包括路径,但在 Turbo C 中,路径的写法必须符合操作系统的习惯,不能用"\\"表示"\"。因此,选项 D 正确,选项 C 错误。

答案:C

3.3 自测试题

1. 单项选择题

(1) 与语句 k=a>b?(b>c?1:0):0;功能相同的程序段是(   )。

A. if((a>b)&&(b>c)) k=1;
else k=0;

B. if((a>b)||(b>c)) k=1;
else k=0;

C. if(a<=b) k=0;
else if(b<=c) k=1;

D. if(a>b) k=1;
else if(b>c) k=1;
else k=0;

(2) 以下不正确的 if 语句形式是(   )。

A. if(x>y&&x!=10);

B. if(x!=y) x+=y++;

C. if(x==y) scanf("%d",&x) else scanf("%d",&y);

D. if(x>=y){x++;y--;}

(3) 有以下程序段:

```
int n=0,p;
do{ scanf("%d",&p);n++;}while(p!=12345&&n<3);
```

此处 do~while 循环的结束条件是(   )。

A. p 的值不等于 12345 并且 n 的值小于 3

B. p 的值等于 12345 并且 n 的值大于等于 3

C. p 的值不等于 12345 或者 n 的值小于 3

D. p 的值等于 12345 或者 n 的值大于等于 3

(4) C 语言中,while 语句和 do~while 语句的主要区别是(   )。

A. do~while 的循环体至少无条件执行一次

B. while 的循环控制条件比 do~while 的循环控制条件严格

  C. do～while 允许从外部转到循环体内

  D. do～while 的循环体不能是复合语句

(5) 若 i 和 k 都是 int 类型的变量,有以下 for 语句:

```
for(i=0,k=-1;k=1;k++)printf("%d\n",k);
```

下面关于语句执行情况的叙述中正确的是(　　)。

  A. 循环体执行两次   B. 循环体执行一次

  C. 循环体一次也不执行   D. 构成无限循环

(6) 以下描述错误的是(　　)。

  A. break 语句和 continue 语句的作用是一样的

  B. break 语句可用于 do～while 语句

  C. 在循环语句中使用 break 语句是为了跳出循环,提前结束循环

  D. 在循环语句中使用 continue 语句是为了结束本次循环,而不终止整个循环

(7) 以下程序中,while 循环的执行次数是(　　)。

```
#include <stdio.h>
main()
{ int i=0;
  while(i<10)
  { if(i<1) continue;
    if(i==5) break;
      i++;
  }
}
```

  A. 1   B. 死循环,不能确定次数

  C. 6   D. 10

(8) 有以下程序:

```
#include <stdio.h>
#include <stdlib.h>
main()
{ int i,n;
  for(i=0;i<8;i++)
  { n=rand()%5;
    switch(n)
    { case 1: case 3: printf("%d\n",n); break;
      case 2: case 4: printf("%d\n",n); continue;
      case 0: exit(0);
    }
    printf("%d\n",n);
  }
}
```

以下叙述正确的是( )。

    A. for 循环语句固定执行 8 次

    B. 当产生的随机数 n 为 4 时结束循环操作

    C. 当产生的随机数 n 为 1 和 2 时不做任何操作

    D. 当产生的随机数 n 为 0 时结束程序运行

(9) 以下叙述正确的是( )。

    A. 一行可以写多个有效的预处理命令

    B. 宏名必须用大写字母表示

    C. 宏替换只占用编译时间,不占用运行时间

    D. C 程序在执行过程中对预处理命令进行处理

(10) 有以下程序:

```
#include <stdio.h>
#define f(x) (x * x)
main()
{ int i1, i2;
  i1=f(8)/f(4);i2=f(4+4)/f(2+2);
  printf("%d, %d\n",i1,i2);
}
```

程序运行后的输出结果是( )。

    A. 64,28   B. 4,4   C. 4,3   D. 64,64

2. 程序填空题

(1) 根据以下函数关系,对输入的 x 值,计算出相应的 y 值。

$$y = \begin{cases} x & x \leqslant 1 \\ 10x & 1 < x \leqslant 2 \\ x^2 + 20 & 2 < x \leqslant 10 \end{cases}$$

```
#include <stdio.h>
main()
{ int x,y;
  scanf("%d",&x);
  if(____①____) y=x;
  else if(____②____) y=10 * x;
      else if(____③____) y=x * x+20;
          else   y=-1;
  if(y!=-1) printf("%d\n",y);
  else printf("error\n");
}
```

（2）根据以下函数关系，对输入的 x 值，计算出相应的 y 值。

$$y=\begin{cases} -10 & x<0 \\ x & 0\leqslant x<10 \\ 5 & 10\leqslant x<20 \\ 5x+20 & 20\leqslant x<50 \end{cases}$$

```
#include <stdio.h>
main()
{ int x,c; float y;
  scanf("%d",&x);
  if(_____④_____) c=-1;
  else c=x/10;
  switch(c)
  { case -1: y=-10;break;
    case  0: y=x;break;
    case  1: y=5;break;
    case  2:case 3:case 4: y=5*x+20;break;
    default: y=-2;
  }
  if(_____⑤_____) printf("y=%f\n",y);
  else printf("error\n");
}
```

（3）求 1!＋2!＋3!＋…＋10!

```
#include <stdio.h>
main()
{ float s=0,t=1;
  int n;
  for(n=1;_____⑥_____;n++)
  { _____⑦_____;
    _____⑧_____;
  }
  printf("1!+2!+3!+...+10!=%.0f",s);
}
```

（4）以下程序是统计从键盘输入的一个正整数各位数字中零的个数，并求各位数字中的最大者。例如：1080 中零的个数是 2，各位数字中的最大者是 8。

```
#include <stdio.h>
void main(void)
{ unsigned long num,max,t;
  int count;
  count=max=0;
  scanf("%ld", &num);
```

```
do
{ t=_____⑨_____;
  if(t==0) ++count;
  else if(max<t)_____⑩_____;
  num/=10;
}while(_____⑪_____);
printf("count=%d,max=%ld\n", count, max);
}
```

(5) 下面程序的功能是:输出 100 以内能被 3 整除且个位数为 6 的所有整数。

```
#include <stdio.h>
main()
{ int i,j;
  for(i=0;_____⑫_____;i++)
  { j=i*10+6;
    if(_____⑬_____) continue;
    printf("%d",j);
  }
}
```

3. 程序分析题

(1) 写出下面程序的运行结果。

```
#include <stdio.h>
main()
{ int a=5,b=4,c=3,d=2;
  if(a>b>c) printf("%d\n",d);
  else if((c-1>=d)==1) printf("%d\n",d+1);
      else printf("%d\n",d+2);
}
```

(2) 写出下面程序的运行结果。

```
#include  <stdio.h>
main()
{ int c=0,k;
  for(k=1;k<3;k++)
   switch(k)
   { default: c+=k;
     case 2: c++;break;
     case 4: c+=2;break;
   }
  printf("%d\n",c);
}
```

（3）写出下面程序的运行结果。

```c
#include  <stdio.h>
main()
{ int n=2,k=0;
  while(k++&&n++>2);
  printf("%d  %d\n",k,n);
}
```

（4）写出下面程序的运行结果。

```c
#include <stdio.h>
main()
{ int x=15;
  do
  { x++;
    if(x/3){x++;break;}
    else continue;
  }while(x>10&&x<50);
  printf("%d\n",x);
}
```

（5）写出下面程序的运行结果。

```c
#include  <stdio.h>
#define SUB(a)(a)-(a)
main()
{ int a=2,b=3,c=5,d;
  d=SUB(a+b) * c;
  printf("%d\n",d);
}
```

4. 程序设计题

（1）输入整数 a 和 b，若 a^2+b^2 大于 100，则输出 a^2+b^2 百位以上的数字，否则输出 a+b。

（2）编写程序，实现两个数的四则运算。要求：数与运算符从键盘输入。

（3）将从键盘输入的偶数写成两个素数之和。

（4）编写程序，完成用 100 元人民币换成 1 元、2 元、5 元的所有兑换方案。

3.4　实验题目

（1）求出下面分段函数的值。要求 x 的值从键盘输入。

$$y=\begin{cases} 0 & x\leqslant0 \\ \sqrt{x} & 0<x\leqslant10 \\ 2x+1 & x>10 \end{cases}$$

(2) 运输公司对用户计算运费。距离越远,每公里运费越低。设距离为 s,标准如下:

s<250km	无折扣
250≤s<500	2%折扣
500≤s<1000	5%折扣
1000≤s<2000	8%折扣
2000≤s<3000	10%折扣
3000≤s	15%折扣

设每千米每吨货物的基本运费为 p,货物重为 w,折扣为 d,则总运费的计算公式为 $f = p * w * s * (1-d)$,编写程序计算运费。

要求:①使用 switch-case 语句;②p、w、s 的值从键盘输入。

(3) 猴子吃桃问题。猴子第一天摘下若干个桃子,当即吃了一半零一个,以后每天早晨都吃剩下的一半零一个,到第十天早晨再想吃时,就剩一个桃子了。问第一天共摘了多少桃子?

(4) 编写程序验证下列结论:任何一个自然数 n 的立方都等于 n 个连续奇数之和。例如:$1^3 = 1$;$2^3 = 3+5$;$3^3 = 7+9+11$。

要求:程序对每个输入的自然数计算并输出相应的连续奇数,直到输入的自然数为 0 时止。

(5) 百鸡问题:100 元钱买 100 只鸡,公鸡一只 5 元钱,母鸡一只 3 元钱,小鸡一元钱 3 只。求 100 元钱能买公鸡、母鸡、小鸡各多少只?

(6) 求孪生素数问题。孪生素数是指两个相差为 2 的素数,例如 3 和 5、5 和 7、11 和 13 等。编程实现输出从 3 开始的 15 对孪生素数。

(7) 试分析以下宏替换后的形式,计算输出结果。要求先计算运行结果,然后利用程序验证。

```
#include "stdio.h"
#define  CX(y)  2.5+y
#define  PR(a)  printf("%d",(int)(a))
#define  PR1(a) PR(a); putchar('\n')
main()
{ int x=2;
  PR1(CX(5) * x);
}
```

(8) 通过宏调用方式,求 n 个数的最大值。要求数据从键盘输入。

3.5 思考题

(1) 在 if 语句的嵌套情况下,else 和 if 是如何配对的?

(2) 在什么情况下使用一条 switch 语句比使用多条 if 语句更好?

(3) C 语言中实现循环结构的方法有哪几种?各有什么特点?

(4) break 语句和 continue 语句在循环体内的功能是否相同?

(5) 在带参数的宏定义命令中,参数的个数是否受限制? 对参数的类型是否要说明?

3.6 习题解答

1. 单项选择题(下列每小题给出 **4** 个备选答案,将其中一个正确答案填在其后的括号内)

(1) 语句"while(!E);"中的表达式"!E"等价于(   )。

  ① E==0   ② E!=1   ③ E!=0   ④ E==1

解答: 因为"!E"为真(非 0)才能进入循环,所以 E 必须为假(0),即 E==0。

答案: ①

(2) 与 for(;0;)等价的为(   )。

  ① while(1)   ② while(0)   ③ break   ④ continue

解答: 若 for 语句中的表达式 1 和表达式 3 同时省略,就与 while 语句等价。

答案: ②

(3) 对于 for(表达式 1;;表达式 3)可理解为(   )。

  ① for(表达式 1;0;表达式 3)   ② for(表达式 1;1;表达式 3)

  ③ for(表达式 1;表达式 1;表达式 3)   ④ for(表达式 1;表达式 3;表达式 3)

解答: 若 for 语句中的表达式 2 省略,则认为表达式 2 的值始终为真。

答案: ②

(4) 下列叙述中正确的是(   )。

  ① continue 语句的作用是结束整个循环

  ② 只能在循环语句和 switch 语句中使用 break 语句

  ③ 在循环体中,break 语句和 continue 语句的作用相同

  ④ 从多层循环中退出时,只能使用 goto 语句

解答: break 语句只能用于循环语句和 switch~case 语句中,continue 只能用于循环语句中。用于循环语句时,break 语句将终止整个循环,continue 语句只是结束本次循环,选项①和③错误,选项②正确。从多层循环中退出时,也可使用 break 语句,选项④错误。

答案: ②

(5) 若有定义:int x=5,y=4;,则下列语句中错误的是(   )。

  ① while(x==y) 5;   ② do x++ while(x==10);

  ③ while(0);   ④ do 2;while(x==y);

解答: 在 while 语句和 do~while 语句中,while 后面圆括号中的表达式类型任意,循环体可以是任意语句,所以①、③和④都是正确的。②之所以是错误的,是因为 x++ 后面缺分号。

答案: ②

(6) 若有定义:int x,y;,则循环语句 for(x=0,y=0;(y!=123)||(x<4);x++); 的循环次数为(   )。

  ① 无限次   ② 不确定次   ③ 4 次   ④ 3 次

解答: y 的初值为 0,并且没有修改,y!＝123 永远为真,(y!＝123)||(x＜4)也永远为真,所以该循环为死循环,循环次数为无限次。

答案: ①

(7) 若有定义:int a＝1,b＝10;,执行下列程序段后,b 的值为(　　)。

```
do {b-=a;a++;}while(b--<0);
```

① 9　　　　　　② －2　　　　　　③ －1　　　　　④ 8

解答: 首先执行循环体,可得 b 的值为 9,然后判断条件,条件判断完后 b 的值为 8,由于条件不成立退出循环,所以 b 的终值为 8。

答案: ④

(8) 下面的叙述中不正确的是(　　)。

① 宏名无类型,其参数也无类型
② 宏定义不是 C 语句,不必在行末加分号
③ 宏替换只是字符替换
④ 宏定义命令必须写在文件开头

解答: 宏定义可以写在程序的任何地方,但要独占一行。其作用域是从定义点开始到文件结束或遇到♯undef。

答案: ④

(9) 有如下嵌套的 if 语句:

```
if(a<b)
  if(a<c) k=a;
  else  k=c;
else
  if(b<c) k=b;
  else  k=c;
```

以下选项中与上述 if 语句等价的语句是(　　)。

① k＝(a＜b)? a:b; k＝(b＜c)? b:c;
② k＝(a＜b)? ((b＜c)? a:b):((b＞c)? b:c);
③ k＝(a＜b)? ((a＜c)? a:c):((b＜c)? b:c);
④ k＝(a＜b)? a:b; k＝(a＜c)? a:c;

解答: 双分支语句"if(a＜c)k＝a;else k＝c;"对应的条件表达式语句为"k＝(a＜c)? a:c;"。双分支语句"if(b＜c)k＝b;else k＝c;"对应的条件表达式语句为"k＝(b＜c)? b:c;"。因此,嵌套的 if 语句对应的条件表达式语句为"k＝(a＜b)? ((a＜c)? a:c):((b＜c)? b:c);"。

答案: ③

(10) 以下选项中与 if(a＝＝1) a＝b;else a＋＋;语句功能不同的 switch 语句是(　　)。

① switch(a)　　　　　　　　② switch(a＝＝1)
　{ case 1:a＝b;break;　　　　　{ case 0:a＝b;break;

```
                default：a++；                      case 1：a++；
             }                                   }
    ③ switch(a)                        ④ switch(a==1)
       { default:a++;break;              { case 1:a=b;break;
         case 1:a=b;                       case 0:a++;
       }                                 }
```

解答：选项②对应的 if 语句为：if(a==1) a++; else a=b;，与题干中的语句功能相反。

答案：②

2. 程序填空题（在下列程序的＿＿＿＿＿＿处填上正确的内容,使程序完整）

（1）下列程序的功能是把从键盘上输入的整数取绝对值后输出。

```
#include <stdio.h>
main()
{ int x;
  scanf("%d",&x);
  if(x<0)
     ___①___ ;
  printf("%d\n",x);
}
```

解答：由于程序中没有文件包含 #include "math.h"，所以不能使用求绝对值函数 abs()。其方法是,若非负,则原样输出,否则取其相反数,所以应填 x=-x。

答案：x=-x

（2）下列程序判断 m 是否为素数。如果是素数输出 1,否则输出 0。

```
#include "stdio.h"
main()
{ int m,i,y=1;
  scanf("%d",&m);
  for(i=2;i<=m/2;i++)
    if(___②___){ y=0;break; }
  printf("%d\n",y);
}
```

解答：根据题意,若 2 到 m/2 之间存在整数 i 能整除 m,则说明 m 不是素数,退出循环。i 能整除 m 的 C 语言表达式为 m%i==0 或!(m%i)。

答案：m%i==0 或!(m%i)

（3）下列程序的功能是输出 1～100 之间能被 7 整除的所有整数。

```
#include <stdio.h>
main()
{ int i;
```

```
for(i=1;i<=100;i++)
{ if(i%7)____③____;
  printf("%4d",i);
}
}
```

解答：if(i％7)与 if(i％7!＝0)等价。根据题意，若 i 不能被 7 整除,则应结束本次循环。接着执行下次循环,能完成此操作的只有 continue 语句。

答案：continue

(4) 输入若干字符数据,分别统计其中 A,B,C 的个数。

```
#include "stdio.h"
main()
{ char c;
  int k1=0,k2=0,k3=0;
  while((c=getchar())!='\n')
  { ____④____
    { case'A': k1++;break;
      case 'B': k2++;break;
      case 'C': k3++;break;
    }
  }
  printf("A=%d,B=%d,C=%d\n",k1,k2,k3);
}
```

解答：根据程序中的"case"可知,该程序的循环体一定是一个 switch～case 语句,并且应根据输入的字符进行判断,所以应填 switch(c)。

答案：switch(c)

(5) 下面程序的功能是：从键盘输入若干个学生的成绩,统计并输出最高成绩和最低成绩,当输入负数时结束输入。

```
#include <stdio.h>
main()
{ float  x,max,min;
  scanf("%f",&x);
  max=x;
  min=x;
  while(____⑤____)
  { if(x>max) max=x;
    if(x<min) min=x;
    scanf("%f",&x);
  }
  printf("max=%f  min=%f\n",max,min);
}
```

解答：while 后面的表达式是循环的条件，该程序中使循环正常进行的条件是 x 的值非负，即 x＞＝0。

答案：x＞＝0

3. 程序改错题（下列每小题有一个错误，找出并改正）

（1）下列程序的功能是计算长为 a＋b、宽为 c＋d 的长方形的面积。

```
#define AREA(x,y) x * y
#include <stdio.h>
main()
{ int a=4,b=3,c=2,d=1,m;
  m=AREA(a+b,c+d);
  printf("%d\n",m);
}
```

解答：在宏定义中，因为参数没加括号，所以 AREA(a+b,c+d) 宏展开后为"a+b * c+d"，计算的结果不是长为 a＋b、宽为 c＋d 的长方形的面积。

答案：错误行：♯define AREA(x,y) x * y

　　　　修改为：♯define AREA(x,y) (x) * (y)

（2）求 100 以内的正整数中为 13 的倍数的最大值。

```
#include <stdio.h>
  main()
  { int i;
    for(i=100;i>=0;i--);
      if(i%13==0) break;
    printf("%d",i);
  }
```

解答：由于在 for 后面的圆括号后加了一个分号(;)，这时空语句成了循环体，真正的循环体在循环结束后只被执行一次。

答案：错误行：for(i＝100;i＞＝0;i－－);

　　　　改正为：for(i＝100;i＞＝0;i－－)

（3）求 1＋2＋3＋…＋100。

```
#include <stdio.h>
  main()
  { int i=1,sum=0;
    do
    { sum+=i; i++;}while(i>100);
    printf("%d",sum);
  }
```

解答：C 语言中的 for 语句、while 语句和 do～while 语句都是当条件为真时，循环继续进行，所以应将 while 后面括号内的循环条件 i＞100 改为 i＜＝100。

答案：错误行：{ sum＋＝i;i＋＋;}while(i>100);

改正为：{ sum＋＝i;i＋＋;}while(i<＝100);

(4) 计算 $1+1/2+1/3+\cdots+1/10$。

```
#include <stdio.h>
main()
{ double t=1.0;
  int i;
  for(i=2;i<=10;i++)
    t+=1/i;
  printf("t=%f\n",t);
}
```

解答：C 语言中,使用除法运算符"/"时,若被除数和除数都为整型,则其商为整型,将小数部分舍去。

答案：错误行：t＋＝1/i;

改正为：t＋＝1.0/i;(或 t＋＝1/(double)i;)

(5) 把从键盘输入的小写字母变成大写字母并输出。

```
#include "stdio.h"
main()
{ char c, * ch=&c;
  while((c=getchar())!='\n')
  { if( * ch>='a'& * ch<='z')
     putchar( * ch-'a'+'A');
    else
     putchar( * ch);
  }
}
```

解答："&"是按位与运算符,逻辑与运算符是"&&"。

答案：错误行：if(* ch>='a'& * ch<='z')

改正为：if(* ch>='a' && * ch<='z')

4. 程序分析题

(1) 写出下面程序的运行结果。

```
#include <stdio.h>
main()
{ int a=10,b=4,c=3;
  if(a<b) a=b;
  if(a<c) a=c;
  printf("%d,%d,%d\n",a,b,c);
}
```

解答：由于 a<b 和 a<c 都为假,所以变量 a 的值没变,a、b、c 的值都是初始值。

答案：10,4,3

（2）写出下面程序的运行结果。

```
#include <stdio.h>
main()
{ int i,sum;
  for(i=1,sum=10;i<=3;i++)sum+=i;
  printf("%d\n",sum);
}
```

解答：该程序的功能是将 1～3 的整数和累加到变量 sum 中。sum 的初值为 10,1～3 的整数和为 6,所以输出结果为 16。

答案：16

（3）写出下面程序的运行结果。

```
#include <stdio.h>
main()
{ int x=23;
  do
  { printf("%d",x--);
  }while(!x);
}
```

解答：x 的初值为 23,将 x 的值输出后,x 的值减 1 变为 22。由于表达式!x 的值为假,因此退出循环,循环体只被执行一次。

答案：23

（4）写出下面程序的运行结果。

```
#include <stdio.h>
main()
{ int a,b;
  for(a=1,b=1;a<100;a++)
  { if(b>20)break;
    if(b%3==1){ b+=3;continue;}
    b-=5;
  }
  printf("%d\n",b);
}
```

解答：该程序的功能是输出大于 20 且与 3 的余数为 1 的最小整数,即 22。

答案：22

（5）写出下面程序的运行结果。

```
#include <stdio.h>
#define  N  2
#define  M  N+1
```

```
#define  NUM  2 * M+1
main()
{ int i;
  for(i=1;i<=NUM;i++);
  i--;
  printf("%d\n",i);
}
```

解答：循环结束后,i 的值是 NUM;宏替换后,NUM 被替换为 $2*2+1+1$,即 6。

答案：6

(6) 写出下面程序的运行结果。

```
#include <stdio.h>
main()
{ float x=2,y;
  if(x<0) y=0;
  else if(x<10)  y=1.0/10;
      else y=1;
  printf("%.1f\n",y);
}
```

解答：该程序的功能是计算下列分段函数的值：

$$y=\begin{cases} 0 & x<0 \\ 1/10 & 0\leqslant x<10 \\ 1 & x\geqslant 10 \end{cases}$$

答案：0.1

(7) 写出下面程序的运行结果。

```
#include "stdio.h"
main()
{ int x=1,a=0,b=0;
  switch(x)
  { case 0: b++;
    case 1: a++;
    case 2: a++;b++;
  }
  printf("a=%d,b=%d\n",a,b);
}
```

解答：x 的值为 1,所以执行 case 1:后面的语句 a++;。由于没有遇到 break 语句,接着执行 case 2:后面的语句 a++;b++;,所以 a 的值为 2,b 的值为 1。

答案：a=2,b=1

(8) 写出下面程序的运行结果。

```
#include "stdio.h"
```

```
main()
{ int a=2,b=-1,c=2;
  if(a<b)
    if(b<0) c=0;
    else c++;
  printf("%d\n",c);
}
```

解答：由于 a＜b 的值为假,程序中的 if～else 语句没有被执行,所以 c 的值没变,仍然是 2。

答案：2

(9) 写出下面程序的运行结果。

```
#include "stdio.h"
#define MAX(x,y) (x)>(y)?(x):(y)
main()
{ int a=5,b=2,c=3,d=3,t;
  t=MAX(a+b,c+d) * 10;
  printf("%d\n",t);
}
```

解答：宏替换后,t＝MAX(a＋b,c＋d)＊10 被替换成 t＝(a＋b)＞(c＋d)? (a＋b):(c＋d)＊10。因为(a＋b)＞(c＋d)为真,所以 t 的值为(a＋b)的值,即 7。

答案：7

(10) 写出下面程序的运行结果。

```
#include <stdio.h>
main()
{ int a=5;
  #define a 2
  #define Y(i) a * (i)
  int b=6;
  printf("%d,",Y(b+1));
  #undef a
  printf("%d",Y(b+1));
}
```

解答：宏展开后第一个输出语句变为 printf("%d,",2 * (b＋1));,输出结果为 14;第二个输出语句变为 printf("%d",5 * (b＋1));,输出结果为 35。

答案：14,35

5. 程序设计题

(1) 输入 10 个整数,统计并输出正数、负数和零的个数。

解答：在循环体中输入数据,并使用 if 语句对数的范围进行判断、统计。

```
#include "stdio.h"
```

```
main()
{ int x,zs=0,fs=0,zr=0,i;
  printf("input 10 integers:");
  for(i=1;i<=10;i++)
  { scanf("%d",&x);
    if(x>0) zs++;
    else if(x==0) zr++;
        else fs++;
  }
  printf("zs=%d  fs=%d  zr=%d\n",zs,fs,zr);
}
```

(2) 求出 100 之内自然数中最大的能被 32 整除的数。

解答：从 100 开始查找能被 32 整除的自然数,找到后退出循环并输出。

```
#include "stdio.h"
main()
{ int i;
  for(i=100;i>=32;i--)
    if(i%32==0) break;
  printf("%d\n",i);
}
```

(3) 计算 100～999 之间个位数为 3 的自然数的个数。

解答：对于 100～999 的每个数,判断个位数是否为 3,若是,则计数器加 1。

```
#include "stdio.h"
main()
{ int n=0,i;
  for(i=100;i<=999;i++)
    if(i%10==3) n++;
  printf("%d\n",n);
}
```

(4) 输入两个正整数,输出它们的最大公约数和最小公倍数。

解答：根据最大公约数的定义,取出两个正整数 a 和 b 的最小值给 maxgy。如果 maxgy 能同时整除 a 和 b,则 maxgy 就是最大公约数。若 maxgy 不能同时整除 a 和 b,则 maxgy 减 1。若 maxgy 还不能同时整除 a 和 b,则 maxgy 再减 1。如此下去,直到 maxgy 能同时整除 a 和 b 为止。此时,maxgy 就是所求的最大公约数。

根据最小公倍数的定义,取出两个正整数 a 和 b 的最大值给 mingb。如果 a 和 b 能同时整除 mingb,则 mingb 就是最小公倍数。若 a 和 b 不能同时整除 mingb,则 mingb 加 1。若 a 和 b 还不能同时整除 mingb,mingb 再加 1。如此下去,直到 a 和 b 能同时整除 mingb 为止。此时,mingb 就是所求的最小公倍数。

```
#include "stdio.h"
```

```
main()
{ int a,b,maxgy,mingb;
  printf("input two integers:");
  scanf("%d%d",&a,&b);
  maxgy=a<b?a:b;
  while(a%maxgy!=0||b%maxgy!=0) maxgy--;
  mingb=a>b?a:b;
  while(mingb%a!=0||mingb%b!=0) mingb++;
  printf("maxgy=%d mingb=%d\n",maxgy,mingb);
}
```

（5）用 if～else 结构编写程序，求一元二次方程 $ax^2+bx+c=0$ 的根。

解答：若 $b^2-4ac\geqslant0$，则两个实根分别为

$$x_1=\frac{-b+\sqrt{b^2-4ac}}{2a} \qquad x_2=\frac{-b-\sqrt{b^2-4ac}}{2a}$$

若 $b^2-4ac<0$，则两个复根分别为

$$x_1=\frac{-b+i\sqrt{-(b^2-4ac)}}{2a} \qquad x_2=\frac{-b-i\sqrt{-(b^2-4ac)}}{2a}$$

```
#include "stdio.h"
#include "math.h"
main()
{ float a,b,c,disk,x1,x2;
  scanf("%f%f%f",&a,&b,&c);
  disk=b*b-4*a*c;
  if(disk>=0)
  { x1=(-b+sqrt(disk))/(2*a);
    x2=(-b-sqrt(disk))/(2*a);
    printf("x1=%f\n x2=%f\n",x1,x2);
  }
  else
  { printf("x1=%f+%f*i\n",-b/(2*a),sqrt(-disk)/(2*a));
    printf("x2=%f-%f*i\n",-b/(2*a),sqrt(-disk)/(2*a));
  }
}
```

（6）用 switch～case 结构编写程序，输入月份 1～12 后，输出该月的英文名称。

解答：

```
#include "stdio.h"
main()
{ int month;
  char ch;
  while(1)
  { printf("\ninput month(1-12):");
```

```
scanf("%d",&month);
switch(month)
{ case 1:printf("January\n");break;
  case 2:printf("February\n");break;
  case 3:printf("March\n");break;
  case 4:printf("April\n");break;
  case 5:printf("May\n");break;
  case 6:printf("June\n");break;
  case 7:printf("July\n");break;
  case 8:printf("August\n");break;
  case 9:printf("September\n");break;
  case 10:printf("October\n");break;
  case 11:printf("November\n");break;
  case 12:printf("December\n");break;
  default:printf("input error\n");
}
getchar();
printf("\ncontinue? (Y/N):");
ch=getche();
if(ch!='y'&&ch!='Y') break;
}
}
```

(7) 求 Sn＝a＋aa＋aaa＋…＋aa…a(最后一项为 n 个 a)的值,其中 a 是一个数字。
如:2＋22＋222＋2222＋22222(此时 n＝5),n 和 a 的值从键盘上输入。

解答:用 result 存放结果,用 s 存放每一项的值。result 和 s 的初值为 0,利用公式
s＝s＊10＋a,依次得到表达式中的每一项,同时累加到 result 中。

```
#include "stdio.h"
main()
{ int a,n,i;
  float s=0,result=0;
  printf("input a(1-9):");
  scanf("%d",&a);
  printf("input n:");
  scanf("%d",&n);
  for(i=1;i<=n;i++)
  { s=s*10+a;result+=s;}
  printf("\nresult=%f\n",result);
}
```

(8) 打印出所有的"水仙花数"。所谓"水仙花数"是指一个三位数,其各位数的立方
和等于该数本身。例如:153＝13＋53＋33,则 153 是一个水仙花数。

解答:由题意可知,水仙花数是一个三位数,其值在 100 到 999 之间。一种方法是利

用单重循环,取出每个数的个位、十位和百位,然后进行判断;另一种方法是根据各位的取值,利用三重循环,判断由三个循环变量组成的三位数是否满足条件。

方法一

```
#include "stdio.h"
main()
{ int i,j,k;
  for(i=1;i<=9;i++)
    for(j=0;j<=9;j++)
      for(k=0;k<=9;k++)
        if(i*i*i+j*j*j+k*k*k==i*100+j*10+k)
          printf("%8d",i*100+j*10+k);
}
```

方法二

```
#include <stdio.h>
main()
{ int i,bw,sw,gw;
  for(i=100;i<=999;i++)
  { gw=i%10;
    sw=i%100/10;
    bw=i/100;
    if(bw*bw*bw+sw*sw*sw+gw*gw*gw==i) printf("%8d",i);
  }
}
```

(9) 计算 $\sum\limits_{k=1}^{100} \dfrac{1}{k} + \sum\limits_{k=1}^{50} \dfrac{1}{k^2}$。

解答:sum 用来存放结果,其初值为 0。使用单重循环,循环变量 i 的值从 1 到 100。在循环体中对 i 值进行判断。若 i≤50,则把 $1/i+1/i^2$ 累加到 sum,否则把 $1/i$ 累加到 sum。

```
#include "stdio.h"
main()
{ float sum=0,i;
  for(i=1;i<=100;i++)
    if(i<=50)
      sum+=1/i+1/(i*i);
    else
      sum+=1/i;
  printf("sum=%f\n",sum);
}
```

(10) 编程序按下列公式计算 e 的值$\left(\text{精度要求为}\dfrac{1}{n!}<10^{-6}\right)$。

$$e=1+\frac{1}{1!}+\frac{1}{2!}+\frac{1}{3!}+\cdots+\frac{1}{n!}$$

解答：s＝1,sum＝0,i＝1,在循环体中根据公式 s＝s * i 计算 i!,同时将 1/s 累加到 sum 中。

```
#include "stdio.h"
main()
{ float i,s=1,sum=0;
  i=1;
  while(1/(s * i)>=1e-6)
  { s * =i;sum+=1/s;i++; }
  printf("sum=%f\n",sum);
}
```

(11) 编程序按下列公式计算 y 的值$\left(\text{精度要求为}\dfrac{1}{n^2+1}<10^{-6}\right)$。

$$y=\sum_{r=1}^{n}\frac{1}{r^2+1}$$

解答：

```
#include "stdio.h"
main()
{ float i,s=2,sum=0;
  i=1;
  while(1/s>=1e-6)
  { sum+=1/s;i++;s=i * i+1;}
  printf("sum=%f\n",sum);
}
```

(12) 有一篮子苹果,两个一取余一,三个一取余二,四个一取余三,五个一取刚好不剩。问篮子里至少有多少个苹果?

解答：设苹果的个数为 total。由题意可知,total 一定是 5 的倍数,所以给 total 赋初值 5。若 total 不能同时满足其他 3 个条件,total 的值加 5;若 total 还不能同时满足其他 3 个条件,total 的值再加 5。如此下去,直到 total 的值能同时满足其他 3 个条件为止。此时,total 的值就为所求。

```
#include "stdio.h"
main()
{ int total=5;
  while(total%2!=1||total%3!=2||total%4!=3)
    total+=5;
  printf("total=%d\n",total);
}
```

3.7　自测试题参考答案

1. 单项选择题

(1) A　　(2) C　　(3) D　　(4) A　　(5) D　　(6) A　　(7) B

(8) D　　(9) C　　(10) C

2. 程序填空题

(1) ① x<=1　　　　　　　② x<=2　　　　　　　③ x<=10

(2) ④ x<0　　　　　　　⑤ y!=-2

(3) ⑥ n<=10 或 n<11　　⑦ t*=n 或 t=t*n　　⑧ s+=t 或 s=s+t

(4) ⑨ num%10　　　　　⑩ max=t　　　　　　⑪ num 或 num!=0

(5) ⑫ i<10 或 i<=9　　　⑬ j%3 或 j%3!=0

3. 程序分析题(阅读程序,写出运行结果)

(1) 3　　(2) 3　　(3) 1　　2　　(4) 17　　(5) -20

4. 程序设计题

(1)

```
#include <stdio.h>
main()
{ int a,b;
  scanf("%d%d",&a,&b);
  if(a*a+b*b>100) printf("%d\n",(a*a+b*b)/100);
  else printf("%d\n",a+b);
}
```

(2)

```
#include <stdio.h>
main()
{ float a,b,result;
  char op,ch;
  while(1)
  { printf("\ntype in your expression:");
    scanf("%f%c%f",&a,&op,&b);
    switch(op)
    { case '+':result=a+b; break;
      case '-':result=a-b; break;
      case '*':result=a*b; break;
      case '/':if(b==0){ printf("\ndivision by zero!");goto L1;}
              else result=a/b; break;
      default: printf("\nexpression error!"); goto L1;
    }
```

```
        printf("%6.2f%c%6.2f=%6.2f\n",a,op,b,result);
        getchar();
    L1:
        printf("continue(Y/N):");
        ch=getch();
        if(ch!='y'&&ch!='Y') break;
    }
}
```

(3)

```
#include <stdio.h>
#include "math.h"
main()
{ int a,b,c,d;
  scanf("%d",&a);
  for(b=3;b<=a/2;b+=2)
  { for(c=2;c<=sqrt(b);c++)
      if(b%c==0) break;
    if(c>sqrt(b)) d=a-b;else break;
    for(c=2;c<=sqrt(d);c++)
      if(d%c==0) break;
    if(c>sqrt(d)) printf("%d=%d+%d\n",a,b,d);
  }
}
```

(4)

```
#include <stdio.h>
main()
{ int i,j,k,l=1;
  for(i=0;i<=20;i++)
    for(j=0;j<=50;j++)
    { k=100-i*5-j*2;
      if(k>=0)
      { printf("%2d %2d %2d  ",i,j,k);      /*i是5元数,j是2元数,k是1元数*/
        l++;
        if(l%5==0) printf("\n");
      }
    }
}
```

3.8 实验题目参考答案

(1)

```
#include "stdio.h"
```

```
#include "math.h"
main()
{ float x,y;
  scanf("%f",&x);
  if(x<=0) y=0;
  else if(x<=10) y=sqrt(x);
       else y=2*x+1;
  printf("%.2f\n",y);
}
```

(2)

```
#include <stdio.h>
main()
{ int c, s;
  float p,w,d,f;
  scanf("%f %f %d",&p,&w,&s);
  if(s>=3000) c=12;
  else c=s/250;
  switch(c)
  { case 0 : d=0; break;
    case 1 : d=2; break;
    case 2 : case 3 : d=5; break;
    case 4 : case 5 : case 6 : case 7 : d=8; break;
    case 8 : case 9 : case 10: case 11: d=10; break;
    case 12: d=15; break;
  }
  f=p*w*s*(1-d/100);
  printf("freight =%15.4f\n", f);
}
```

(3)

```
#include <stdio.h>
main()
{ int prev ;                       /*前一天*/
  int next=1 ;                      /*后一天,初值为第 10 天*/
  int i;
  for(i=9;i>=1;i--)
  { prev=(next+1)*2;                /*next=prev-(prev/2+1)*/
    next=prev;
  }
  printf("total=%d\n", prev);
}
```

（4）

```c
#include <stdio.h>
main()
{ int n,m,i;
  printf("please input n:");
  scanf("%d",&n);
  while(n)
  { m=n*(n-1)+1;                    /* n的立方等于从 n*(n-1)+1 开始的 n 个连续奇数之和 */
    printf("%d^3=",n);
    for(i=1;i<=n;i++)
    { printf("%d+",m);
      m=m+2;
    }
    printf("\b \n");                /* 删除最后一个"+" */
    printf("please input n:");
    scanf("%d",&n);                 /* 接收下一个自然数 */
  }
}
```

（5）

```c
#include <stdio.h>
main()
{ int cocks,hens,chicks;
  cocks=0;                          /* 公鸡数 */
  while(cocks<=20)
  { hens=0;                         /* 母鸡数 */
    while(hens<=33)
    { chicks=100-cocks-hens;        /* 小鸡数 */
      if(5*cocks+3*hens+chicks/3==100)
        printf("cocks %d,hens %d,chick %d\n",cocks,hens,chicks);
      hens++;
    }
    cocks++;
  }
}
```

（6）

```c
#include "stdio.h"
#include "math.h"
main()
{ int k=3,n=0,i;
  do
  { for(i=2;i<=sqrt(k);i++)         /* 判断 k 是否为素数 */
```

```
      if(k%i==0)break;
    if(i>sqrt(k))                         /* k 是素数 */
    { for(i=2;i<=sqrt(k+2);i++)           /* 判断 k+2 是否为素数 */
        if((k+2)%i==0) break;
      if(i>sqrt(k+2))                     /* k+2 是素数 */
      { n++; printf("%d,%d\n",k,k+2);}    /* 输出 */
    }
    k+=2;
  }while(n<15);
}
```

（7）

宏替换后的形式为：

```
#include "stdio.h"
main()
{ int x=2;
  printf("%d",(int)(2.5+5*x)); putchar('\n');
}
```

运行结果为 12。

（8）

```
#include"stdio.h"
#define Max(a,b)   (a)>(b)?(a):(b)
main()
{ int n,i,m,a;
  printf("input n:");
  scanf("%d",&n);
  printf("input %d number:",n);
  scanf("%d",&a);
  m=a;
  for(i=1;i<n;i++)
  { scanf("%d",&a);
    m=Max(m,a);
  }
  printf("max=%d\n",m);
}
```

3.9　思考题参考答案

（1）**答**：else 总是与其上面最近的且没有与其他 else 配对的 if 配对。

（2）**答**：如果有两条以上基于同一个整型变量的条件表达式，那么最好使用一条 switch 语句。因为 switch 语句只能对等式进行测试，而 if 语句可以计算关系表达式和逻辑表达式等。

(3) **答**：C语言中,用于实现循环控制的语句有 for、while 和 do～while。另外,用 if 语句和 goto 语句也可实现循环结构。四种循环比较如下:

① 四种循环都可以用来处理同一问题,一般情况下它们可以互相代替;但一般不提倡用 goto 型循环。

② 在 while 语句和 do～while 语句中,只在 while 后面的括号内指定循环条件,因此,为了使循环能正常结束,应在循环体中包含使循环趋于结束的语句。for 语句可以在表达式中包含使循环趋于结束的操作,甚至可以将循环体中的操作全部放到表达式 3 中。因此 for 语句的功能更强,凡用 while 循环能完成的,用 for 循环都能实现。

③ 用 while 和 do～while 循环时,循环变量初始化的操作应在 while 和 do～while 语句之前完成;而 for 语句可以在表达式 1 中实现循环变量的初始化。

④ while 循环、do～while 循环和 for 循环可以用 break 语句跳出循环,用 continue 语句结束本次循环;而对用 goto 语句和 if 语句构成的循环,不能用 break 语句和 continue 语句进行控制。

在实际应用中,通常根据具体情况来选用不同的循环语句,选用的一般原则是:

① 如果循环次数在执行循环体之前就已确定,一般用 for 语句;如果循环次数是由循环体的执行情况来确定,则采用 while 语句或 do～while 语句。

② 当循环体至少要执行一次时,采用 do～while 语句;反之,如果循环体可能一次也不执行,则选用 while 或 for 语句。

(4) **答**：break 语句和 continue 语句在循环体的功能是不同的。break 语句是终止循环,即提前结束循环,接着执行循环体下面的语句。continue 语句是终止本次循环,即跳过循环体中 continue 语句下面的语句,转向下一次是否执行循环的判断。

(5) **答**：编译系统处理带参数的宏时,用宏体中的字符序列从左向右替换。如果不是形参,则保留;如果是形参,则用程序语句中相应的实参替换,最终得到替换后的内容,这期间没有任何计算。这个过程叫宏展开,也叫宏替换。宏替换只是简单的字符替换,宏名没有类型,其参数也没有类型。由此可知,带参数宏定义命令中的参数个数不受限制,对参数类型也不必说明。

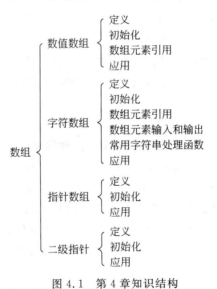

第4章 数组

CHAPTER

4.1 内容概述

本章主要介绍数值数组和字符数组的定义、初始化、元素引用和数组数据的输入与输出，用字符数组实现字符串和常用字符串处理函数，指针数组与数组指针定义、元素引用，利用一维数组实现如挑数、排序、求和等实际应用问题，利用二维数组实现矩阵的应用问题，利用字符数组实现字符串的各种操作。本章知识结构如图 4.1 所示。

- 数组
  - 数值数组
    - 定义
    - 初始化
    - 数组元素引用
    - 应用
  - 字符数组
    - 定义
    - 初始化
    - 数组元素引用
    - 数组元素输入和输出
    - 常用字符串处理函数
    - 应用
  - 指针数组
    - 定义
    - 初始化
    - 应用
  - 二级指针
    - 定义
    - 初始化
    - 应用

图 4.1　第 4 章知识结构

考核要求：掌握一维数组、二维数组及指针数组的定义和初始化。掌握数组元素存储地址计算。掌握数组元素的下标法、指针法引用。掌握字符数组与字符串的区别与联系。掌握有关字符串处理函数的使用方法。能利用一维数组、二维数组解决向量、矩阵等实际应用问题。

重点难点：本章的重点是一维数组、二维数组的定义、初始化、元素引用，常用字符串处理函数的使用。本章的难点是数组元素的指针法引用和

指针数组,字符串与字符数组的区别。

核心考点:一维数组和二维数组的定义、初始化和数组元素的引用方法,一维数组和二维数组的实际应用,字符串的处理方法。

4.2 典型题解析

【例4.1】 以下对一维数组 a 的定义中正确的是(   )。

A. char a(10);   B. int   a[0..100];

C. int   a[5];   D. int   k=10;int a[k];

解析:C语言中,一维数组定义的一般形式为:

类型标识符   数组名[常量表达式]

其中,常量表达式可以是任意类型,一般为算术表达式,其值表示数组元素的个数,即数组长度。

答案:C

【例4.2】 以下对一维数组的定义中不正确的是(   )。

A. double x[5]={2.0,4.0,6.0,8.0,10.0};

B. int y[5]={0,1,3,5,7,9};

C. char ch1[ ]={'1','2','3','4','5'};

D. char ch2[ ]={'\x10', '\xa', '\x8'};

解析:可以对一维数组的全部元素或部分元素赋初值。在对全部数组元素初始化时,数组长度可以省略。若数组长度没有省略,则初始化列表中值的个数不能超过数组的长度。

答案:B

【例4.3】 以下对二维数组的定义中正确的是(   )。

A. int a[4][]={1,2,3,4,5,6};   B. int   a[][3];

C. int a[][3]= {1,2,3,4,5,6};   D. int a[][]={{1,2,3},{4,5,6}};

解析:定义二维数组时,若按一维格式初始化,则第一维的长度可以省略,此时,系统可根据初始化列表中值的个数及第二维的长度计算出省略的第一维长度,但无论如何,第二维的长度不能省略。没有初始化时,第一维和第二维的长度都不能省略。

答案:C

【例4.4】 假定一个 short int 型变量占用两个字节,若有定义:short int x[10];,则数组 x 在内存中所占字节数是(   )。

A. 3   B. 6   C. 10   D. 20

解析:一维数组在内存中所占的字节数为:数组长度×sizeof(元素类型)。

答案:D

【例4.5】 以下程序的输出结果是(   )。

```
#include "stdio.h"
```

```
main()
{ int a[4][4]={{1,3,5},{2,4,6},{3,5,7}};
  printf("%d%d%d%d\n",a[0][3],a[1][2],a[2][1],a[3][0]);
}
```

A. 0650　　　　　　B. 1470　　　　　　C. 5430　　　　　　D. 输出值不定

解析：定义的数组 a 为 4 行 4 列,且前三行三列元素已初始化,根据 C 语法规定,未初始化的元素值为 0。

答案：A

【例 4.6】 以下程序的输出结果是(　　　)。

```
#include "stdio.h"
main()
{ int m[][3]={1,4,7,2,5,8,3,6,9};int i,j,k=2;
  for(i=0;i<3;i++){ printf("%d ",m[k][i]);}
}
```

A. 4 5 6　　　　　B. 2 5 8　　　　　C. 3 6 9　　　　　D. 7 8 9

解析：根据初始化列表中值的个数和第二维的长度,可求得第一维长度为 3。第一行的元素值依次为 1,4,7;第二行元素值依次为 2,5,8;第三行元素值依次为 3,6,9。该程序的功能是依次输出行标为 2,即第三行的 3 个元素值。

答案：C

【例 4.7】 以下程序的输出结果是(　　　)。

```
#include "stdio.h"
main()
{ int b[3][3]={0,1,2,0,1,2,0,1,2},i,j,t=0;
  for(i=0;i<3;i++)
   for(j=i;j<=i;j++)
    t=t+b[i][b[j][j]];
  printf("%d\n",t);
}
```

A. 3　　　　　　　B. 4　　　　　　　C. 1　　　　　　　D. 9

解析：程序中,引用的 b 数组元素的行下标为循环变量 i,列下标为数组元素 b[j][j]。外层循环共进行 3 次,对于每次外循环,内层循环只执行一次(即 j=i),所以变量 t 的值为元素 b[0][b[0][0]]、b[1][b[1][1]]、b[2][b[2][2]] 的和。由于数组元素 b[0][0]、b[1][1]、b[2][2] 的值分别为 0、1、2,所以 t 的值为:0+0+1+2=3。

答案：A

【例 4.8】 若有定义：int a[2][4];,则引用数组元素正确的是(　　　)。

A. a[0][3]　　　　B. a[0][4]　　　　C. a[2][2]　　　　D. a[2][2+1]

解析：引用二维数组元素时,行下标范围为 0～行数－1,列下标范围为 0～列数－1。

答案：A

【**例 4.9**】 若有定义：int aa[8];,则不能代表数组元素 aa[1]地址的是( )。

A. ＆aa[0]＋1   B. ＆aa[1]   C. ＆aa[0]＋＋   D. aa＋1

解析：＆aa[1]、＆aa[0]＋1 和 aa＋1 都是数组元素 aa[1]的地址。由于 ＆aa[0]是地址值常量，不能进行自加、自减运算，所以选项 C 不能代表 aa[1]地址。

答案：C

【**例 4.10**】 下列程序执行后的输出结果是( )。

```
#include "stdio.h"
main()
{ int a[3][3], * p,i;
  p=&a[0][0];
  for(i=0;i<9;i++) p[i]=i+1;
  printf("%d \n",a[1][2]);
}
```

A. 3   B. 6   C. 9   D. 随机数

解析：二维数组的物理存储结构为一维，即按行序顺序存储在连续存储空间中。

本题中，p 为指向数组元素的指针变量，初始时，p 指向 a[0][0]。通过指针 p 实现对二维数组元素按行依次赋值。a[1][2]即 p[5]，其值为 6。

答案：B

【**例 4.11**】 下列程序的输出结果是( )。

```
#include "stdio.h"
main()
{ char a[10]={9,8,7,6,5,4,3,2,1,0}, * p=a+5;
  printf("%d", * --p);
}
```

A. 运行出错   B. a[4]的地址   C. 5   D. 3

解析：初始时，p 指向 a[5]。由于单目运算符的结合方向为右结合，所以，* ——p 等价于 *（——p），即先执行——p，p 指向 a[4]，再输出 a[4]的值(5)。

答案：C

【**例 4.12**】 若有如下定义，则 b 的值是( )。

```
int a[10]={1,2,3,4,5,6,7,8,9,10}, * p=&a[3],b=p[5];
```

A. 5   B. 6   C. 8   D. 9

解析：p 指向 a[3]，即 p＝a＋3；b＝p[5]，即 b＝ *（p＋5）。因此，b＝ *（a＋8）＝a[8]＝9。

答案：D

【**例 4.13**】 若二维数组 y 有 m 列，则排在 y[i][j]前的元素个数为( )。

A. j * m+i   B. i * m+j   C. i * m+j−1   D. i * m+j+1

解析：C 语言中的二维数组按行存储。行标为 i 的元素前共有 i 行元素，元素个数为

i * m,列标为 j 的元素前共有 j 个元素。因此,y[i][j]前的元素个数为 i * m+j。

答案:B

【例 4.14】　若有定义:char a[20], * b＝a;,则不能给数组 a 输入字符串"This is a book"的语句是(　　)。

　　A. gets(a)　　　　　B. scanf("%s",a)　　C. gets(&a[0]);　　D. gets(b);

解析:函数 gets()为字符串输入函数,调用该函数时需给出字符串的存储地址,以回车作为字符串输入结束,并将回车符转换成为'\0'。而格式输入函数 scanf()则以回车、空格或跳格作为字符串输入结束,因此函数 scanf()不能输入含有空格的字符串。

答案:B

【例 4.15】　以下程序执行后的输出结果是(　　)。

　　A. 2　　　　　　　B. 3　　　　　　　C. 4　　　　　　　D. 5

```
#include "stdio.h"
#include "string.h"
main()
{ char * p[10]={ "abc","aabdfg","dcdbe","abbd","cd"};
  printf("%d\n",strlen(p[4]));
}
```

解析:定义了一个含有 10 个元素的字符指针数组 p,并对前 5 个元素初始化,其中 p[4]指向字符串"cd",其串长为 2。

答案:A

【例 4.16】　若定义一个名为 s 且初值为"123"的字符数组,则下列定义错误的是(　　)。

　　A. char s[]={'1','2','3','\0'};　　　　　　B. char s[]={"123"};
　　C. char s[]={"123\n"};　　　　　　　　D. char s[4]={'1','2','3'};

解析:字符串"123"在内存占 4 个字节(最后一个字节存放字符串结束标志'\0')。选项 A 是用字符常量对字符数组的全部元素初始化,且最后一个元素的值为字符串结束标记('\0'),所以数组 s 中存放的就是字符串"123";选项 D 是用字符常量对字符数组的部分元素初始化,根据 C 语言的规定,系统为第四个元素赋空值,即'\0',所以数组 s 中存放的也是字符串"123";选项 B 是直接使用字符串常量"123"对字符数组初始化;选项 C 也是使用字符串常量初始化,但是字符串不是"123",而是"123\n",与题意不符。

答案:C

【例 4.17】　下列程序的功能是输入 N 个实数,然后依次输出前 1 个实数和、前 2 个实数和……前 N 个实数和。填写程序中缺少的语句。

```
#include "stdio.h"
#define  N  10
main()
{ float f[N],x=0.0;int i;
  for(i=0;i<N;i++)
```

```
        scanf("%f",&f[i]);
    for(i=1;i<=N;i++)
    {   ①   ;
        printf("sum of NO %2d---------%f\n",i,x);
    }
}
```

解析：分析程序可知,第一个循环实现数据的输入,第二个循环实现求和并输出,程序中缺少计算前 i 个实数和并存入变量 x 的语句。由于每次循环的 x 值都是在前一次循环的基础上累加,即前 i 个实数和(x)等于前 i-1 个实数和(x)加上第 i 个实数 f[i-1],因此,①处应填写：x=x+f[i-1]或 x+=f[i-1]。

答案：x=x+f[i-1]或 x+=f[i-1]

【例 4.18】 下面程序的功能是检查一个 N×N 矩阵是否对称(即判断是否所有的 a[i][j]都等于 a[j][i])。请填空。

```
#include "stdio.h"
#define N 4
main()
{ int a[N][N]={1,2,3,4,2,2,5,6,3,5,3,7,4,6,7,4};
  int i,j,found=0;
  for(j=0;j<N-1; j++)
   for(   ①   ;i<N; i++)
    if(a[i][j]!=a[j][i])
    {   ②   ;
       break;
    }
  if(found) printf("No");
  else printf("Yes");
}
```

解析：设置判断标志 found,初始值为 0。对于主对角线以上每个元素,分别与对称元素比较,若不相等,则将 found 置为 1(或非 0 整数)并结束比较。循环结束后,根据 found 的值确定是否对称。

答案：① i=j+1   ② found=1(或非 0 整数)

【例 4.19】 编写程序,从整型数组 a 的第一个元素开始,每三个元素求和并将和值存入到另一数组中(最后一组可以不足 3 个元素),最后输出所求的所有和值且每行输出 5 个值。

解析：用于存储和值的数组设为 b,所有元素都初始化为 0。从数组 a 的第一个元素开始,进行累加操作 b[j]+=a[i]。累加过程中,数组 a 的下标每自加 3 次,数组 b 的下标自加 1 次。重复此操作,直到数组 a 的所有元素累加完为止。输出时,每输出 5 个元素输出一次换行符'\n'。

```
#include "stdio.h"
```

```
#define N   20
#define M   N/3+1
main()
{ int   a[N],i,j,b[M]={0};
  for(i=0;i<N;i++)  scanf("%d",&a[i]);
  for(i=0,j=0;i<N;i++)
  { b[j]+=a[i];
    if((i+1)%3==0) j++;
  }
  if(N%3==0) j--;
  for(i=0;i<=j;i++)
  { printf("%d ",b[i]);
    if((i+1)%5==0) printf("\n");
  }
}
```

【例 4.20】　已知数组 b 中存放 N 个人的年龄,编写程序,统计各年龄段的人数并存入数组 d。要求把 0~9 岁年龄段的人数放在 d[0]中,把 10~19 岁年龄段的人数放在 d[1]中,把 20~29 岁年龄段的人数放在 d[2]中;其余依此类推,把 100 岁(含 100)以上年龄的人数都放在 d[10]中。

解析. 首先将数组 d 的所有元素都初始化为 0,然后从数组 b 的第一个元素开始判断。如果数组 b 的元素值大于或等于 100,则数组元素 d[10]加 1,否则数组元素 d[数组 b 的元素值/10]加 1。重复此操作,直到数组 b 的最后 个元素为止。

```
#include <stdio.h>
#define   M   11
#define   N   20
main()
{ int b[N]={32,45,15,12,86,49,97,3,44,52,17,95,63,14,76,88,54,65,99,102};
  int d[M],i;
  for(i=0;i<M;i++) d[i]=0;
  for(i=0;i<N;i++)
   if(b[i]>=100) d[10]++;
   else d[b[i]/10]++;
  for(i=0;i<M-1;i++)
   printf("%4d--%4d :%4d\n", i * 10, i * 10+9,d[i]);
   printf("  over 100 :%4d\n", d[10]);
}
```

【例 4.21】　编写程序,将一维数组 x 中大于平均值的数据移至数组的前部,小于等于平均值的数据移至数组的后部。

解析: 先计算一维数组 x 的平均值,然后将大于平均值的数据存入数组 y 的前部,小于等于平均值的数据存入数组 y 的后部,最后将数组 y 复制到数组 x。

```c
#include <stdio.h>
#define  N  10
main()
{ int i,j;
  float av,y[N],x[N];
  for(i=0;i<N;i++) scanf("%f",x+i);
  av=0;
  for(i=0;i<N;i++)  av=av+x[i];
  av/=N;
  for(i=j=0;i<N;i++)
   if(x[i]>av)
   { y[j++]=x[i];x[i]=-1;}
  for(i=0;i<N;i++)
    if(x[i]!=-1) y[j++]=x[i];
  for(i=0;i<N;i++)
  { x[i]=y[i];printf("%5.2f ",x[i]);}
}
```

【例 4.22】 已知一维整型数组 a 中的数已按由小到大的顺序排列,编写程序,删去一维数组中所有相同的数,使之只剩一个。

解析:从数组 a 的第二个元素开始,与前面保留的最后一个元素比较。若不相等,则前移。重复此操作,直到数组 a 的最后一个元素为止。

```c
#include <stdio.h>
#define  N  20
main()
{ int a[N]={ 2,2,2,3,4,4,5,6,6,6,6,7,7,8,9,9,10,10,10,10};
  int i,j;
  printf("The original data :\n");
  for(i=0;i<N;i++)
    printf("%3d",a[i]);
  for(j=1,i=1;i<N;i++)
    if(a[j-1]!=a[i])  a[j++]=a[i];
  printf("\n\nThe data after deleted :\n");
  for(i=0;i<j;i++)
    printf("%3d",a[i]);
}
```

【例 4.23】 编写程序,把从键盘输入的一个数字字符串转换为一个整数并输出。例如,若输入字符串"-1234",则函数把它转换为整数值-1234。要求:不得调用 C 语言提供的将字符串转换为整数的函数。

解析:设存放数字字符串的数组为 s,存放对应整型数的变量为 n(初始值为 0)。若字符串的第一个字符为'-',则从第二个字符开始,否则从第一个字符开始,利用公式 n= n * 10+s[i]-'0'进行转换,直到'\0'为止。

```
#include  <stdio.h>
main()
{ char s[10];long n=0;
  int i=0;
  printf("Enter a string:\n");
  gets(s);
  if(s[0]=='-') i++;
  while(s[i])
  { n=n*10+s[i]-'0';i++;}
  if(s[0]=='-') n=-n;
  printf("%ld\n",n);
}
```

【例 4.24】 编写程序,把 N×N 矩阵 A 加上矩阵 A 的转置,存放在矩阵 B 中。

解析:可先将 A 的转置存入 B,再将 A 的元素 a[i][j]累加到 B 的元素 b[i][j],也可直接利用转置性质,b[i][j]=a[i][j]+a[j][i]。

```
#include<stdio.h>
#define N 3
main()
{ int a[N][N]={{1,2,3},{4,5,6},{7,8,9}},b[N][N];
  int i,j;
  for(i=0;i<N;i++)
    for(j=0;j<N;j++)
      b[i][j]=a[i][j]+a[j][i];
  for(i=0;i<N;i++)
  { for(j=0;j<N;j++)
      printf("%4d",b[i][j]);
    printf("\n");
  }
}
```

【例 4.25】 编写程序,将二维数组 a[N][M]中每个元素向右移一列,最右一列换到最左一列,移动后的数组存到另一个二维数组 b 中,原数组保持不变。例如:

$$a=\begin{vmatrix} 4 & 5 & 6 \\ 1 & 2 & 3 \end{vmatrix} \qquad b=\begin{vmatrix} 6 & 4 & 5 \\ 3 & 1 & 2 \end{vmatrix}$$

解析:将数组 a 的最后一列元素存入数组 b 的第 1 列中,再依次将数组 a 的第 i 列存入数组 b 的第 i+1 列(0≤i≤M-2)。

```
#include <stdio.h>
#define N 3
#define M 3
main()
{ int a[N][M]={4,5,6,1,2,3,6,7,8},b[N][M],i,j;
  for(i=0;i<N;i++)
```

```
    b[i][0]=a[i][M-1];
  for(i=0;i<M-1;i++)
    for(j=0;j<N;j++)
      b[j][i+1]=a[j][i];
  for(i=0;i<N;i++)
  { for(j=0;j<M;j++)
      printf("%d  ",b[i][j]);
    printf("\n");
  }
}
```

4.3 自测试题

1. 单项选择题

(1) 以下定义语句中,错误的是(   )。

    A. int a[]={1,2};   B. char * a[3];

    C. char s[10]="test";   D. int n=5,a[n];

(2) 以下能正确定义二维数组的是(   )。

    A. int a[][3];   B. int a[][3]={2 * 3};

    C. int a[][3]={};   D. int a[2][3]={{1},{2},{3,4}};

(3) 以下程序的输出结果是(   )。

```
#include <stdio.h>
main()
{ int i,x[3][3]={1,2,3,4,5,6,7,8,9};
  for(i=0;i<3;i++) printf("%d ",x[i][2-i]);
}
```

    A. 1 5 9   B. 1 4 7   C. 3 5 7   D. 3 6 9

(4) 有以下程序,执行后输出结果是(   )。

```
#include <stdio.h>
main()
{ int x[8]={8,7,6,5,0}, * s;
  s=x+3;
  printf("%d ",s[2]);
}
```

    A. 随机值   B. 0   C. 5   D. 6

(5) 若有定义:int a[][3]={1,2,3,4,5,6,7,8};,则 a 数组的行数为(   )。

    A. 3   B. 2   C. 无确定值   D. 1

(6) 下列描述中不正确的是(   )。

    A. 字符型数组中可以存放字符串

B. 可以对字符型串进行整体输入、输出

C. 可以对整型数组进行整体输入、输出

D. 不能在赋值语句中通过赋值运算符"＝"对字符型数组进行整体赋值

(7) 运行下列程序的输出结果是(　　)。

```c
#include <stdio.h>
main()
{ int a[]={1,2,3,4,5},i,* p=a+2;
  printf("%d", p[1]-p[-1]);
}
```

A. 出错,因下标不能为负值　　　　B. 2

C. 1　　　　　　　　　　　　　　D. 3

(8) 以下语句的输出结果是(　　)。

```c
printf("%d\n", strlen("school"));
```

A. 7　　　　　　　　　　　　　　B. 6

C. 存在语法错误　　　　　　　　D. 不定值

(9) 若有语句: char s1[10], s2[10]="books";,则能将字符串"books"赋给数组 s1 的语句是(　　)。

A. s1＝"books";　　　　　　　　B. strcpy(s1, s2);

C. s1＝s2;　　　　　　　　　　　D. strcpy(s2, s1);

(10) 以下语句或语句组中,能正确进行字符串赋值的是(　　)。

A. char * sp; * sp＝"right!";　　　B. char s[10]; s＝"right!";

C. char s[10]; * s＝"right!";　　　D. char * sp＝"right!";

2. 程序分析题

(1) 写出下面程序的运行结果。

```c
#include <stdio.h>
main()
{ int x[6],a=0,b,c=14;
  do
  { x[a]=c%2;a++;c=c/2;}while(c>=1);
  for(b=a-1;b>=0;b--)
    printf("%d ", x[b]);
  printf("\n");
}
```

(2) 写出下面程序的运行结果。

```c
#include <stdio.h>
main()
{ int i,n[6]={0};
```

```
for(i=1;i<=4;i++)
{ n[i]=n[i-1] * 2+1;
  printf("%d ",n[i]);
}
}
```

(3) 写出下面程序的运行结果。

```
#include <stdio.h>
#include <string.h>
main()
{ char c='a',t[]="you and me";
  int n,k,j;
  n=strlen(t);
  for(k=0;k<n;k++)
    if(t[k]==c){j=k;break;}
    else j=-1;
  printf("%d", j);
}
```

(4) 写出下面程序的运行结果。

```
#include <stdio.h>
#include <string.h>
main()
{ char str1[20]="China\0USA", str2[20]="Beijing";
  int i, k, num;
  i=strlen(str1); k=strlen(str2);
  num=i<k?i:k;
  printf("%d\n", num);
}
```

(5) 写出下面程序的运行结果。

```
#include <stdio.h>
main()
{ static int a[]={1,3,5,7};
  int * p[3]={a+2,a+1,a};
  int * * q=p;
  printf("%d\n", * (p[0]+1)+ * * (q+2));
}
```

3. 程序填空题

(1) 下面程序的功能是将字符数组 a 中下标值为偶数的元素从小到大排列,其他元素不变。请填空。

```
#include <stdio.h>
```

```
#include <string.h>
main()
{ char a[]="clanguage",t;
  int i,j,k; k=strlen(a);
  for(i=0;i<=k-2;i+=2)
   for(j=i+2;j<k;     ①     )
    if(     ②     )
     {t=a[i];a[i]=a[j];a[j]=t;}
  puts(a);
}
```

（2）下列程序的功能是在字符串 s 中找出与字符串 t 相同的子串的个数。请填空。

```
#include <stdio.h>
main()
{ char s[]="fabcdabgabt",t[]="ab",*p,*q,*r; int n;
  n=0;q=s;
  while(*q)
  { p=q;r=t;
    while(*r)
      if(     ③     )
      { r++; p++;}
      else  break;
    if(     ④     ) n++;
    q++;
  }
  printf("\nThe result is: n=%d\n",n);
}
```

（3）下面程序的功能是把给定的字符按其矩阵格式读入数组 str 中，并输出行号与列号之和为 3 的数组元素。请填空。

```
#include <stdio.h>
main(  )
{ char str[4][3]={'A','b','C','d','E','f','G','h','I','j','K','l'};
  int x,y,z;
  for(x=0;x<4;x++)
   for(y=0;     ⑤     ;y++)
   { z=x+y;
     if(     ⑥     )
       printf("%c\n",str[x][y]);
   }
}
```

（4）下面程序的功能是输入一个 3×3 的实数矩阵，求两条对角线元素中各自的最大值。请填空。

```
#include <stdio.h>
```

```
main()
{ float s[3][3],max1,max2,x;
  int i,j;
  for(i=0;i<3;i++)
   for(j=0;j<3;j++)
   { scanf("%f",&x);s[i][j]=x;}
  max1=_____⑦_____;
  for(i=1;i<3;i++)
   if(max1<s[i][i])  max1=s[i][i];
  max2=_____⑧_____;
  if(max2<s[1][1]) max2=s[1][1];
  if(max2<s[2][0]) max2=s[2][0];
  printf("max1=%f\n",max1);
  printf("max2=%f\n",max2);
}
```

(5) 下面程序的功能是利用数组计算并输出 Fibonacci 序列的前 40 项,每行输出 4 项。请填空。

```
#include <stdio.h>
main()
{ long int a[40]={1,1};
  int i;
  for(i=2;i<40;i++)
   a[i]=_____⑨_____;
  for(i=0;i<40;i++)
  { if(_____⑩_____) printf("\n");
    printf("%10ld",a[i]);
  }
}
```

4. 程序设计题

(1) 给定一维整型数组,输入数据并求第一个值为奇数元素之前的元素和。

(2) 给定一维整型数组,输入数据并对前一半元素升序排序,对后一半元素降序排序。

(3) 输入字符串并统计各数字字符出现的次数。

(4) 给定 N×N 矩阵,输入矩阵元素并互换主次对角线元素的值。

(5) 给定二维数组 a[M][N],输入数据并将元素按照行序存入到一维数组 b 中。

4.4　实验题目

(1) 数组 a 中存放 N 个非 0 整数,编写程序,将数组 a 中的所有正数存放在数组的前面,负数存放在数组的后面。

（2）将数组 a 中的 N 个元素后移 m 位，移出的 m 位顺序存放在数组的前 m 位。

（3）有 5 名学生，每名学生有语文、数学、物理和外语四门课的考试成绩，编程统计各学生的总分和平均分，以及所有学生各科的总分和平均分。

（4）将整型 N×N 矩阵主对角线的元素进行升序排序。

（5）将 4×4 矩阵的 4 个最小值按升序存放在主对角线上。

（6）求 N×N 矩阵各行最大值的和。

（7）由键盘输入一个字符串，按照其 ASCII 码值由小到大的顺序排序，并删除所输入的重复字符。如输入"ad2f3adjfeainzzzzv"，则应输出"23adefijnvz"。

（8）从键盘输入一个字符串，去掉所有非十六进制字符后转换成十进制数输出。例如，若输入"g2sh8iBof"，则输出值为 10431。

4.5　思考题

（1）定义二维数组时是否可以省略第一维的长度？省略时系统如何计算长度？

（2）定义一维数组与引用一维数组元素时，"[ ]"内数据的含义是什么？

（3）若有定义：int a[3][4]，(* q)[4]＝a;，则如何利用指针变量 q 引用数组 a 的元素？

（4）有如下定义和语句：

```
int a[3][4], * p[3];
p[0]=&a[0][0];p[1]=&a[1][0];p[2]=&a[2][0];
```

如何利用指针数组名 p 引用数组 a 的元素？

（5）试说明下列两种定义方式的区别。

```
char a[3][8]={"gain","much","strong"};
char * a[3]={"gain","much","strong"};
```

4.6　习题解答

1. 单项选择题（下列每小题有 **4** 个备选答案，将其中一个正确答案填到其后的括号内）

（1）设有定义：int a[10]，* p＝a;，对数组元素的正确引用是（　　　）。

　　① a[p]　　　　　　② p[a]　　　　　　③ *(p＋2)　　　　④ p+2

解答：a 和 p 是地址，不可以作为数组元素的下标，所以选项①和选项②错误，选项④是数组元素 a[2]的地址，即 &a[2]，选项③是利用指针变量引用数组元素 a[2]。

答案：③

（2）若有如下定义，则不能表示数组 a 元素的表达式是（　　　）。

```
int a[10]={1,2,3,4,5,6,7,8,9,10}, * p=a;
```

　　① * p　　　　　　② a[10]　　　　　　③ * a　　　　　　④ a[p−a]

解答：因为 p 初值为 a，所以选项①、选项③和选项④都表示数组元素 a[0]。选项②

下标超出下标界限(0～9)。

答案:②

(3) 若有如下定义,则值为3的表达式是(   )。

```
int a[10]={1,2,3,4,5,6,7,8,9,10},*p=a;
```

① p+=2,*(p++)   ② p+=2,*++p
③ p+=3,*p++   ④ p+=2,++*p

解答:四个表达式都是逗号表达式,表达式的值都为第二个式子的值。选项①的值是数组元素 a[2]的值,其值为3。由于*++p 等价于*(++p),所以选项②的值是数组元素 a[3]的值,其值为4。由于*p++ 等价于*(p++),所以选项③的值是数组元素 a[3]的值,其值为4。由于++*p 等价于++(*p),所以选项④的值是数组元素 a[2]加1后的值,其值为4。

答案:①

(4) 设有定义:char a[10]="ABCD",*p=a;,则*(p+4)的值是(   )。
① "ABCD"   ② 'D'   ③ '\0'   ④ 不确定

解答:用字符串常量对字符数组的部分元素初始化,数组元素 a[4]及其后的五个元素值都为'\0',*(p+4)等价于 a[4],其值是'\0'。

答案:③

(5) 将 p 定义为指向含 4 个元素的一维数组的指针变量,正确语句为(   )。
① int (*p)[4];   ② int *p[4];   ③ int p[4];   ④ int **p[4];

解答:选项①定义了一个指向含 4 个整型元素的一维数组的指针变量 p。选项②定义了一个有 4 个元素的指针数组,数组名为 p,数组中的每一个元素都是指向整型变量的指针变量。选项③定义了一个有 4 个元素的整型数组,数组名为 p。选项④定义了一个有 4 个元素的二级指针数组,数组名为 p,数组中的每一个元素都是指向整型指针变量的指针变量。

答案:①

(6) 若有定义 int a[3][4];,则输入其 3 行 2 列元素的正确语句为(   )。
① scanf("%d",a[3,2]);   ② scanf("%d",*(*(a+2)+1))
③ scanf("%d",*(a+2)+1);   ④ scanf("%d",*(a[2]+1));

解答:由于 3 行 2 列元素的地址为 &a[2][1],或*(a+2)+1,或 a[2]+1,所以选项③是正确的。

答案:③

(7) 下面对指针变量的叙述,正确的是(   )。
① 指针变量可以加上一个指针变量
② 可以把一个整型数赋给指针变量
③ 指针变量的值可以赋给指针变量
④ 指针变量不可以有空值,即该指针变量必须指向某一变量

解答:指针变量加上一个指针变量没有意义,所以①是错误的。不能把一个整型数

(0 除外)直接赋给指针变量,因为类型不匹配,所以②是错误的。指针变量可以有空值
(NULL),即不指向任何变量,所以④是错误的。指针变量的值可以赋给指针变量,同类
型可以直接赋值,不同类型可通过强制类型转换,所以③是正确的。

　　答案:③

　　(8) 设有定义:int a[10], * p＝a+6, * q＝a;,则下列运算哪种是错误的(　　　)。

　　　　① p−q　　　　　② p+3　　　　　③ p+q　　　　　④ p＞q

　　解答:指向同一个数组的两个指针变量可以相减,其值是两个指针之间的元素个数。
指向同一个数组的两个指针变量也可以比较,指向前面元素的指针"小于"指向后面元素
的指针。指向数组元素的指针变量可以加减一个整型数 c。加 c 后指向其后面的第 c 个
元素,减 c 后指向其前面的第 c 个元素,指向同一个数组的两个指针变量进行加法运算没
有意义。

　　答案:③

　　(9) C 语言中,数组名代表(　　　)。

　　　　① 数组全部元素的值　　　　　　　　② 数组首地址

　　　　③ 数组第一个元素的值　　　　　　　④ 数组元素的个数

　　解答:C 语言规定,数组名代表数组的首地址。

　　答案:②

　　(10) 若有如下定义,则值为 4 的表达式是(　　　)。

```
int a[12]={1,2,3,4,5,6,7,8,9,10,11,12};
char c='a',d,g;
```

　　　　① a[g−c]　　　　② a[4]　　　　　③ a['d'−'c']　　　　④ a['d'−c]

　　解答:值为 4 的数组元素的下标为 3。由于选项①下标 g−c 的值不确定,选项②下
标为 4,选项③下标'd'−'c'的值为 1,选项④下标'd'−c 的值为 3,所以选项④正确。

　　答案:④

　　(11) 设有定义:char s[12]＝"string";,则 printf("%d",strlen(s));的输出结果是
(　　　)。

　　　　① 6　　　　　　② 7　　　　　　③ 11　　　　　　④ 12

　　解答:函数 strlen()的功能是返回字符串中第一个'\0'之前的字符个数,所以输出结
果为 6。

　　答案:①

　　(12) 语句 printf("%d",strlen("abs\no12\1\\"));的输出结果是(　　　)。

　　　　① 11　　　　　② 10　　　　　③ 9　　　　　④ 8

　　解答:字符串中的"\n"、"\1"和"\\"都是转义字符,都表示一个字符,所以字符串中
的字符个数为 9。

　　答案:③

　　(13) 设有定义:int t[3][2];,能正确表示 t 数组元素地址的表达式是(　　　)。

　　　　① &t[3][2]　　　　② t[3]　　　　　③ t[1]　　　　　④ * t[2]

解答：C语言中，数组元素的下标从 0 开始，所以选项①和选项②都是错误的，选项④表示数组元素 a[2][0]，选项③表示数组元素 t[1][0] 的地址，所以选项③是正确的。

答案：③

(14) 语句 strcat(strcpy(str1,str2),str3); 的功能是(　　　)。

    ① 将字符串 str1 复制到字符串 str2 中，再连接到字符串 str3 之后

    ② 将字符串 str1 连接到字符串 str2 中，再复制到字符串 str3 之后

    ③ 将字符串 str2 复制到字符串 str1 中，再将字符串 str3 连接到字符串 str1 之后

    ④ 将字符串 str2 连接到字符串 str1 后，再将字符串 str1 复制到字符串 str3 中

解答：先执行 strcpy(str1,str2)，即将字符串 str2 复制到字符串 str1 中，再执行 strcat(str1,str3)，即将字符串 str3 连接到字符串 str1 之后。

答案：③

(15) 若有如下定义，则正确的叙述为(　　　)。

```
char x[]="abcdefg";
char y[]={'a','b','c','d','e','f','g'};
```

    ① 数组 x 和数组 y 等价　　　　　② 数组 x 和数组 y 的长度相同

    ③ 数组 x 的长度大于数组 y 的长度　　④ 数组 y 的长度大于数组 x 的长度

解答：由于 char y[]={'a','b','c','d','e','f','g','\0'};等价于 char x[]="abcdefg";，所以选项③是正确的。

答案：③

2. 程序分析题

(1) 写出下面程序的运行结果。

```
#include "stdio.h"
main()
{ int a[3][3]={{1,2},{3,4},{5,6}};
  int i,j,s=0;
  for(i=0;i<3;i++)
    for(j=0;j<=i;j++)
      s+=a[i][j];
  printf("%d\n",s);
}
```

解答：该程序完成的功能是计算 3×3 矩阵的下三角阵(包括主对角线的元素)的元素和，运行结果是 1+3+4+5+6，即 19。

答案：19

(2) 写出下面程序的运行结果。

```
#include "stdio.h"
main()
```

```
{ int i,j,k,n[3];
  for(i=0;i<3;i++) n[i]=0;
  k=2;
  for(i=0;i<k;i++)
    for(j=0;j<k;j++)
      n[j]=n[i]+1;
  printf("%d\n",n[1]);
}
```

解答：当 i＝0 时,n[0]＝n[0]＋1＝1,n[1]＝n[0]＋1＝2。

当 i＝1 时,n[0]＝n[1]＋1＝3,n[1]＝n[1]＋1＝3。

答案：3

（3）写出下面程序的运行结果。

```
#include "stdio.h"
main()
{ int a[]={2,4,6,8,10};
  int y=1,x, * p;
  p=&a[1];
  for(x=0;x<3;x++)
    y+= * (p+x);
  printf("%d\n",y);
}
```

解答：该程序的功能是把数组 a 中下标为 1、2 和 3 的元素值累加到变量 y 上,即：
y＝1＋4＋6＋8＝19。

答案：19

（4）写出下面程序的运行结果。

```
#include "stdio.h"
main()
{ int i,c;
  char num[][5]={"CDEF","ACBD"};
  for(i=0;i<4;i++)
  { c=num[0][i]+num[1][i]-2 * 'A';
    printf("%3d",c);
  }
}
```

解答：程序的功能是从左向右依次输出两个字符串对应字符的 ASCII 码之和与 130
的差值。

答案：2　5　5　8

（5）写出下面程序的运行结果。

```
#include "stdio.h"
```

```
main()
{ char a[]="*****";
  int i,j,k;
  for(i=0;i<5;i++)
  { printf("\n");
    for(j=0;j<i;j++) printf("%c",' ');
      for(k=0;k<5;k++) printf("%c",a[k]);
  }
}
```

解答：该程序的功能是输出 5 行 * 号，每行有 5 个 *，且从上到下每行向右移动一列。

答案：
```
*****
 *****
  *****
   *****
    *****
```

(6) 下面程序的功能是什么？

```
#include "stdio.h"
main()
{ int i,a[10],* p=&a[9];
  for(i=0;i<10;i++) scanf("%d",&a[i]);
  for(;p>=a;p--) printf("%3d",* p);
}
```

答案：该程序的功能是把从键盘输入的 10 个整型数按相反的顺序输出。

(7) 写出下面程序的运行结果。

```
#include "stdio.h"
main()
{ char ch[2][5]={"6937","8254"},* p[2];
  int i,j,s;
  for(i=0;i<2;i++) p[i]=ch[i];
  for(i=0;i<2;i++)
  { s=0;
    for(j=0;ch[i][j]!='\0';j++)
      s=s*10+ch[i][j]-'0';
    printf("%5d",s);
  }
}
```

解答：该程序的功能是把数字串转换成对应的数值。

答案：6937　8254

(8) 写出下面程序的运行结果。

```c
#include "stdio.h"
main()
{ int i,k,a[10],p[3];
  k=5;
  for(i=0;i<10;i++)
    a[i]=i;
  for(i=0;i<3;i++)
    p[i]=a[i*(i+1)];
  for(i=0;i<3;i++)
    k+=p[i]*2;
  printf("%d\n",k);
}
```

解答：该程序的功能是将数组 p 元素和的 2 倍累加到 k 中。因为 k 的初值为 5，且 $p[i]=a[i*(i+1)]=i*(i+1)(0\leqslant i\leqslant 3)$，所以 k 的值为：$5+(0+2+6)*2=21$。

答案：21

(9) 写出下面程序的运行结果。

```c
#include "stdio.h"
main()
{ int a=2,*p,**pp;
  pp=&p;
  p=&a;
  a++;
  printf("%d,%d,%d\n",a,*p,**pp);
}
```

解答：由于 p 指向 a，pp 又指向 p，所以 a、*p 和 **pp 等价，其值都为 3。

答案：3,3,3

(10) 写出下面程序的运行结果。

```c
#include "stdio.h"
main()
{ int a[6],i;
  for(i=0;i<6;i++)
  { a[i]=9*(1-2+4*(i>3))%5;
    printf("%2d",a[i]);
  }
}
```

解答：该程序的功能是输出表达式 $9*(i-2+4*(i>3))\%5$ 的值。其中，i 为 0～5 的整数。

答案：-3　-4　0　4　4　3

3. 程序填空题（请在下列程序的下画线处填上正确的内容，使程序完整）

（1）下列程序的功能是输出数组 s 中最大元素的下标。

```c
#include "stdio.h"
main()
{ int k,i;
  int s[]={3,-8,7,2,-1,4};
  for(i=0,k=i;i<6;i++)
    if(s[i]>s[k])_____①_____;
  printf("k=%d\n",k);
}
```

解答：变量 k 用来存放最大元素的下标，若 s[i]＞s[k]，则更新 k 值，即 k＝i。

答案：① k＝i

（2）下列程序的功能是将一个字符串 str 的内容颠倒过来。

```c
#include "stdio.h"
#include "string.h"
main()
{ int i,j,k;
  char str[]="1234567";
  for(i=0,j=_____②_____;i<j;i++,j--)
  { k=str[i];str[i]=str[j];str[j]=k;}
  printf("%s\n",str);
}
```

解答：由于 C 语言中数组元素的下标从 0 开始，所以 j 的值应为字符串长度减 1，即 strlen(str)－1。

答案：② strlen(str)－1

（3）下列程序的功能是把输入的十进制长整型数以十六进制数的形式输出。

```c
#include "stdio.h"
main()
{ char b[]="0123456789ABCDEF";
  int c[64],d,i=0,base=16;
  long n;
  scanf("%ld",&n);
  do
  {c[i]=_____③_____;i++;n=n/base;
  }while(n!=0);
  for(--i;i>=0;--i)
  { d=c[i];printf("%c",b[d]);}
}
```

解答：进制转换的算法是除以基数取余，所以应填 n％base。

答案: ③ n%base

(4) 下列程序的功能是从键盘输入若干个字符(以回车键作为结束)组成一个字符串存入一个字符数组,然后输出该数组中的字符串。

```c
#include "stdio.h"
main()
{ char str[81],*ptr;
  int i;
  for(i=0;i<80;i++)
  { str[i]=getchar();
    if(str[i]=='\n') break;
  }
  str[i]=_____④_____;
  ptr=str;
  while(*ptr) putchar(_____⑤_____);
}
```

解答: 由 while(*ptr)可知,字符串末尾应有'\0',所以第一个空应填'\0'。当 ptr 所指向的字符不为'\0'时,将其输出,然后使 ptr 指向下一个字符,所以第二个空应填 *ptr++。

答案: ④ '\0' ⑤ *ptr++

(5) 下列程序的功能是将数组 a 的元素按行求和并存储到数组 s 中。

```c
#include "stdio.h"
main()
{ int s[3]={0};
  int a[3][4]={{1,2,3,4},{5,6,7,8},{9,10,11,12}};
  int i,j;
  for(i=0;i<3;i++)
  { for(j=0;j<4;j++)
      _____⑥_____;
    printf("%d\n",s[i]);
  }
}
```

解答: 根据题意,应将第 i 行累加到数组元素 s[i]中。程序中的外循环次数是行数,内循环次数是列数,所以应填 s[i]+=a[i][j](或 s[i]=s[i]+a[i][j])。

答案: ⑥ s[i]+=a[i][j](或 s[i]=s[i]+a[i][j])

4. 程序改错题(下列每小题有一个错误,找出并改正)

(1) 下列程序的功能是输入一个字符串,然后再输出。

```c
#include "stdio.h"
main()
{ char a[20];
```

```
    int i=0;
    scanf("%s",&a);
    while(a[i]) printf("%c",a[i++]);
}
```

解答：使用函数 scanf()时,输入项是地址,由于数组名本身就是地址,所以不用再对数组名进行取地址运算。

答案：错误行：scanf("%s",&a);

修改为：scanf("%s",a);

（2）下列程序的功能是复制字符串 a 到 b 中。

```
#include "stdio.h"
main()
{ char   * str1=a,* str2,a[20]="abcde",b[20];
  str2=b;
  while(* str2++=* str1++);
}
```

解答：C语言规定,变量和数组都必须先定义后使用,所以应先定义数组 a,然后再用 a 初始化指针变量 str1。

答案：错误行：char * str1=a,* str2,a[20]="abcde",b[20];

修改为：char a[20]="abcde",* str1=a,* str2, b[20];

（3）下列程序的功能是统计字符串中空格数。

```
#include "stdio.h"
main()
{ int num=0;
  char   a[81],* str=a,ch;
  gets(a);
  while((ch=* str++)!='\0')
    if(ch=' ') num++;
  printf("num=%d\n",num);
}
```

解答："="是赋值运算符,程序中进行条件判断应使用关系运算符"=="。

答案：错误行：if(ch=' ') num++;

修改为：if(ch==' ') num++;

（4）下列程序的功能是将字符串 str 中小写字母的个数、大写字母的个数和数字字符的个数分别存入 a[0]、a[1]和 a[2]中。

```
#include "stdio.h"
main()
{ char str[80];
  int a[3],i=0;
  gets(str);
```

```
    for(;str[i]!='\0';i++)
      if(str[i]>='a'&&str[i]<='z') a[0]++;
      else if(str[i]>='A'&&str[i]<='Z') a[1]++;
            else if(str[i]>='0'&&str[i]<='9') a[2]++;
    for(i=0;i<3;i++)
      printf("%4d\n",a[i]);
}
```

解答：数组 a 在定义时没有初始化，数组元素的初始值不确定，因此，得到的统计结果不正确。

答案：错误行：int a[3],i=0;

　　　　修改为：int a[3]={0},i=0;

（5）下列程序的功能是计算 3×3 矩阵的主对角线元素之和。

```
#include "stdio.h"
main()
{ int i,a[3][3]={1,2,3,4,5,6,7,8,9},sum=0;
  for(i=1;i<=3;i++) sum+=a[i][i];
  printf("sum=%d\n",sum);
}
```

解答：C 语言中数组元素的下标是从 0 开始的，所以循环变量 i 的取值应该是 0～2。

答案：错误行：for(i=1;i<=3;i++) sum+=a[i][i];

　　　　修改为：for(i=0;i<3;i++) sum+=a[i][i];

5．程序设计题

（1）输入 10 个整型数存入一维数组，输出值和下标都为奇数的元素个数。

解答：

```
#include "stdio.h"
main()
{ int a[10],i,num=0;
  printf("enter array a:\n");
  for(i=0;i<10;i++)
    scanf("%d",&a[i]);
  for(i=0;i<10;i++)
    if(i%2==1&&a[i]%2==1) num++;
  printf("num=%d\n",num);
}
```

（2）从键盘输入任意 10 个数并存放到数组中，然后计算它们的平均值，找出其中的最大数和最小数，并显示结果。

解答：

```
#include "stdio.h"
main()
```

```
{ float   a[10],ave=0,max,min;
  int i;
  printf("enter array a:\n");
  for(i=0;i<10;i++)
    scanf("%f",&a[i]);
  max=a[0];min=a[0];
  for(i=0;i<10;i++)
  { ave+=a[i];
    if(max<a[i]) max=a[i];
    if(min>a[i]) min=a[i];
  }
  ave/=10;
  printf("ave=%.2f max=%.2f min=%.2f\n",ave,max,min);
}
```

(3) 有 5 个学生,每个学生有 4 门课程,将有不及格课程的学生成绩输出。

解答:

```
#include "stdio.h"
main()
{ int a[5][4]={{78,87,93,65},
               {66,57,70,86},
               {69,99,76,76},
               {78,59,87,90},
               {90,67,97,87}};
  int i,j,k;
  for(i=0;i<5;i++)
   for(j=0;j<4;j++)
     if(a[i][j]<60)
     { printf("%4d",i+1);
       for(k=0;k<4;k++)
         printf("%4d",a[i][k]);
       printf("\n");
       break;
     }
}
```

(4) 已知两个升序序列,将它们合并成一个升序序列并输出。

解答:用数组 a、b 分别存放两个已知的升序序列,然后用下列方法将数组 a、b 中的元素逐个插入到数组 c 中。

$$c[k]=\begin{cases}a[i] & a[i]\leqslant b[j]\\ b[j] & a[i]>b[j]\end{cases}$$

其中 i、j、k 的初值都为 0,插入后 k 的值加 1,i 或 j 的值加 1。

```
#include "stdio.h"
```

```
#define M 4
#define N 5
main()
{ int a[M]={1,3,5,7};
  int b[N]={2,4,6,8,10};
  int c[M+N],i=0,j=0,k=0;
  while(i<M&&j<N)
    if(a[i]<b[j]) c[k++]=a[i++];
    else c[k++]=b[j++];
  while(i<M) c[k++]=a[i++];
  while(j<N) c[k++]=b[j++];
  for(i=0;i<k;i++)
    printf("%5d",c[i]);
  printf("\n");
}
```

(5) 从键盘上输入一个字符串,统计字符串中的字符个数。不允许使用求字符串长度的函数 strlen()。

解答:

```
#include "stdio.h"
main()
{ char str[81], * p=str;
  int num=0;
  printf("input a string:\n");
  gets(str);
  while(* p++) num++;
  printf("length=%d\n",num);
}
```

(6) 输入一个字符串存入数组 a,对字符串中的每个字符用加 3 的方法加密并存入数组 b,再对 b 中的字符串解密存入数组 c,最后依次输出数组 a、b、c 中的字符串。

解答:

```
#include "stdio.h"
main()
{ char a[81],b[81],c[81];
  char * pa=a, * pb=b, * pc=c;
  printf("input array a:\n");
  gets(a);
  while(* pa){ * pb= * pa+3; pa++;pb++;}
  * pb='\0';
  pb=b;
  while(* pb){ * pc= * pb-3; pb++;pc++;}
  * pc='\0';
```

```
printf("array a:%s\n",a);
printf("array b:%s\n",b);
printf("array c:%s\n",c);
}
```

(7) 输入一个字符串,输出每个大写英文字母出现的次数。

解答: 定义一个有 26 个元素的一维整型数组 num,依次用来存放各个大写英文字母出现的个数。由于各大写英文字母的 ASCII 码与'A'的 ASCII 码的差,正好是用来存放该大写英文字母个数的数组元素的下标,因此,若当前字符 *p 为大写英文字母,则执行 num[*p-'A']++ 即可使指定的数组元素值加 1。

```
#include "stdio.h"
main()
{ char str[81], * p=str;
  int num[26]={0},i;
  printf("input a string:\n");
  gets(str);
  while(* p)
  { if(* p>='A'&& * p<='Z') num[* p-'A']++;
    p++;
  }
  for(i='A';i<='Z';i++)
    printf("%3c",i);
  printf("\n");
  for(i=0;i<26;i++)
    printf("%3d",num[i]);
  printf("\n");
}
```

(8) 把从键盘输入的字符串逆置存放并输出。

解答: 定义两个字符指针变量 p 和 q,分别指向第一个字符和最后一个字符。交换 p 和 q 指向的字符,然后 p 指向后一个字符,q 指向前一个字符;再交换 p 和 q 指向的字符,如此下去,直到 p>=q 为止。

```
#include "stdio.h"
main()
{ char str[81], * p, * q,ch;
  printf("input a string:\n");
  gets(str);
  p=str;q=p;
  while(* q) q++;
  q--;
  while(p<q){ch=* p;* p++=* q;* q--=ch;}
  printf("turn string:%s\n",str);
}
```

(9) 输出 4×4 矩阵的主、次对角线元素之和。

解答：矩阵主对角线上的元素其行标和列标相等，矩阵次对角线上的元素其行标与列标之和为 3。用二维数组 a[4][4] 来表示 4×4 矩阵，对满足行标和列标相等或行标与列标之和为 3 的二维数组元素求和即可。

```
#include "stdio.h"
main()
{ int a[4][4],i,j,sum=0;
  printf("input array a(4*4):\n");
  for(i=0;i<4;i++)
    for(j=0;j<4;j++)
      scanf("%d",&a[i][j]);
  for(i=0;i<4;i++)
    for(j=0;j<4;j++)
      if (i==j||i+j==3)
        sum+=a[i][j];
  printf("sum=%d\n",sum);
}
```

(10) 统计一个英文句子中含有英文单词的个数，单词之间用空格隔开。

解答：单词的个数可以由空格出现的次数决定（连续的若干空格作为出现一次空格，一行开头的空格不统计在内）。如果当前字符不是空格，而它前面的字符是空格，则表示新单词开始，此时计数器加 1。如果当前字符和它前面的字符都不是空格，则意味着仍然是原来单词的继续，计数器不能加 1。前一个字符是否为空格，可以用一个变量 word 来标识。若 word＝0，则表示前一个字符为空格；若 word＝1，则表示前一个字符不为空格。

```
#include "stdio.h"
main()
{ char str[81],*p=str;
  int num=0,word=0;
  printf("input a string:\n");
  gets(str);
  while(*p)
  { if(*p==' ') word=0;
    else if(word==0)
        { num++; word-1;}
    p++;
  }
  printf("num=%d\n",num);
}
```

(11) 从键盘上输入 4 个字符串（长度小于 80），对其进行升序排序并输出。

解答：利用选择排序法进行排序，用函数 strcmp() 进行比较，用函数 strcpy() 进行交换。

```c
#include "stdio.h"
#include "string.h"
main()
{ charstr[4][81],temp[81];
  int i,j;
  printf("input 4 strings:\n");
  for(i=0;i<4;i++)
    gets(str[i]);
  for(i=0;i<3;i++)
    for(j=i+1;j<4;j++)
      if(strcmp(str[i],str[j])>0)
      { strcpy(temp,str[i]);
        strcpy(str[i],str[j]);
        strcpy(str[j],temp);
      }
  printf("sort string:\n");
  for(i=0;i<4;i++)
    puts(str[i]);
}
```

(12) 已知一个排好序的数组,输入一个数,要求按原来排序的规律将它插入到数组中。

解答:从数组的最后一个元素开始,逐个进行输入数和数组元素值的比较。若输入数小于数组元素值(假设原来升序排序),则数组元素值后移一个位置,否则将输入数存入当前数组元素的后一个元素。

```c
#include "stdio.h"
#define N 10                          /* 数组长度 */
main()
{ int a[N]={1,3,5,7,9,11},n=6,i,num;  /* n 是数组元素个数 */
  printf("input a integer:");
  scanf("%d",&num);
  i=n-1;
  while(a[i]>num&&i>=0)
  {a[i+1]=a[i];i--;}
  a[i+1]=num;
  printf("array a:");
  for(i=0;i<=n;i++)
    printf("%5d",a[i]);
  printf("\n");
}
```

(13) 编写程序,实现两个字符串的比较。不允许使用字符串比较函数 strcmp()。

解答:

```
#include "stdio.h"
main()
{ char str1[81],str2[81], * p1=str1, * p2=str2;
  printf("input string str1:");
  gets(str1);
  printf("input string str2:");
  gets(str2);
  while( * p1&& * p2)
    if( * p1== * p2){p1++;p2++;}
    else break;
  printf("%d\n", * p1- * p2);
}
```

(14) 已知 A 是一个 4×3 矩阵,B 是一个 3×5 矩阵,计算 A 和 B 的乘积。

解答：用二维数组 a[4][3]、b[3][5]、c[4][5] 来表示矩阵 A、B、C。根据矩阵乘积运算规则,$c_{ij} = a_i[0] * b[0][j] + a[i][1] * b[1][j] + a[i][2] * b[2][j]$,用一个三重循环就可以求出数组 c 中的全部元素。

```
#include "stdio.h"
main()
{ int a[4][3],b[3][5],c[4][5],i,j,k;
  printf("input matrix a(4 * 3):\n");
  for(i=0;i<4;i++)
    for(j=0;j<3;j++)
      scanf("%d",&a[i][j]);
  printf("input matrix b(3 * 5):\n");
  for(i=0;i<3;i++)
    for(j=0;j<5;j++)
      scanf("%d",&b[i][j]);
  for(i=0;i<4;i++)
    for(j=0;j<5;j++)
    { c[i][j]=0;
      for(k=0;k<3;k++)
        c[i][j]+=a[i][k] * b[k][j];
    }
  printf("matrix a * b:\n");
  for(i=0;i<4;i++)
  { for(j=0;j<5;j++)
      printf("%4d",c[i][j]);
    printf("\n");
  }
}
```

(15) 输入 10 个数,将其中的最小数与第一个数交换,最大数与最后一个数交换。

解答：用一维数组 a 存放输入的 10 个数,在数组中找出最小元素和最大元素的下标

maxi 和 mini。若 maxi＝0 且 mini＝9,则[0]和 a[9]交换即可;若 maxi＝0 且 mini≠9,则先交换 a[0]和 a[mini],然后再交换 a[9]和 a[mini];否则,先交换 a[0]和 a[mini],然后再交换 a[9]和 a[maxi]。

```c
#include "stdio.h"
main()
{ int a[10],i,maxi,mini,max,min;
  printf("input array a:\n");
  for(i=0;i<10;i++)
    scanf("%d",&a[i]);
  maxi=0;mini=0;
  max=a[0];min=a[0];
  for(i=1;i<10;i++)
  { if(a[i]>max){max=a[i];maxi=i;}
    if(a[i]<min){min=a[i];mini=i;}
  }
  i=a[0];a[0]=a[mini],a[mini]=i;
  if(maxi==0) maxi=mini;
  i=a[9];a[9]=a[maxi],a[maxi]=i;
  printf("input array a:\n");
  for(i=0;i<10;i++)
    printf("%4d",a[i]);
}
```

(16) 有 n 个人围成一个圈子,从第一个人开始报数(从 1 到 3 报数),凡报到 3 的人退出圈子,问最后留下的是原来的第几号?

解答:将此问题转化为一维数组来处理。先将数组 a 中的 n 个元素分别赋初值 1~n,然后从 a[0]开始,顺序查找第三个值不为 0 数组元素。若到 a[n－1]还没找到,再从 a[0]开始,找到后将其值赋为 0;再从刚赋 0 元素的下一个元素开始按上述方法查找第三个值不为 0 数组元素,并将其值赋为 0。依此下去,直到数组 a 中只有一个不值为 0 的元素为止,其元素值不为 0 的下标就是所求。

```c
#include "stdio.h"
#define N 10
main()
{ int a[N],m,i,k;
  for(i=0;i<N;i++) a[i]=i+1;
  i=0;m=0;k=0;
  while(m<N-1)
  { if(a[i]!=0) k+=1;
    if(k==3){ a[i]=0;k=0;m+=1;}
    i++;
    if(i==N) i=0;
  }
```

```
    for(i=0;i<N;i++)
      if(a[i]!=0) printf("last person is %d\n",a[i]);
}
```

(17) 给定一个一维数组,任意输入 6 个数,假设为 1、2、3、4、5、6。建立一个具有以下内容的方阵存入二维数组中。

```
1 2 3 4 5 6
2 3 4 5 6 1
3 4 5 6 1 2
4 5 6 1 2 3
5 6 1 2 3 4
6 1 2 3 4 5
```

解答：把一维数组元素存入二维数组的第一行,然后将一维数组的所有元素左移一位,移出去的元素存入第 6 位;把一维数组元素存入二维数组的第二行,然后将一维数组的所有元素冉左移一位,移出去的元素存入第 6 位;依次下去,执行 6 次为止。

```
#include "stdio.h"
main()
{ int a[6],b[6][6],i,j,t;
  printf("input 6 integers :\n");
  for(i=0;i<6;i++)
    scanf("%d",&a[i]);
  for(i=0;i<6;i++)
  { for(j=0;j<6;j++) b[i][j]=a[j];
    t=a[0];
    for(j=0;j<5;j++) a[j]=a[j+1];
    a[5]=t;
   }
  for(i=0;i<6;i++)
  { for(j=0;j<6;j++)
      printf("%4d",b[i][j]);
    printf("\n");
  }
}
```

(18) 数组 a 中存放 10 个四位十进制整数,统计千位和十位之和与百位和个位之和相等的数据个数,并将满足条件的数据存入数组 b 中。

解答：依次取出数组 a 中每一个元素的个位、十位、百位和千位,并判断是否满足条件。若满足,则存入数组 b,否则不存。

```
#include "stdio.h"
main()
{ int a[]={1221,2234,2343,2323,2112,2224,8987,4567,4455,8877};
  int b[10],i,gw,sw,bw,qw,k,num=0;
```

```
  k=0;
  for(i=0;i<10;i++)
  { gw=a[i]%10;
    sw=a[i]%100/10;
    bw=a[i]%1000/100;
    qw=a[i]/1000;
    if(qw+sw==bw+gw)
    { num++;b[k++]=a[i];}
  }
  printf("num=%d\n",num);
  for(i=0;i<num;i++)
    printf("%6d",b[i]);
}
```

(19) 将一个英文句子中的前后单词逆置(单词之间用空格隔开)。

如：how old are you

逆置后为：you are old how

解答：先将整个英文句子逆置,然后再将每个单词逆置。

```
#include "stdio.h"
main()
{ char str[81],* p1,* p2,* p,ch;
  printf("input a english sentence:\n");
  gets(str);
  p1=str;p2=str;
  while(* p2) p2++;
  p2--;
  while(p1<p2)
  { ch= * p1; * p1++= * p2; * p2--=ch;}
  p=str;
  while(* p)
  { p1=p;
    while(* p1==' ') p1++;
    p2=p1;
    while(* p2&& * p2!=' ') p2++;
    p=p2;
    p2--;
    while(p1<p2)
    { ch= * p1; * p1++= * p2; * p2--=ch;}
  }
  printf("turn english sentence:\n");
  puts(str);
}
```

（20）将一个小写英文字符串重新排列，按字符出现的顺序将所有相同的字符存放在一起。

如：acbabca

排列后为：aaaccbb

解答：新开辟一个数组，从字符串的第一个非空格字符开始，把该字符和与该字符相同的字符都存入该数组，同时用空格代替原串中的相应字符；再从字符串的第一个非空格字符开始，把该字符和与该字符相同的字符都存入该数组，同时用空格代替原串中的相应字符；依次下去，直到原字符串变为空格串为止。

```c
#include "stdio.h"
#include "string.h"
main()
{ char str1[81],str2[81],*p1,*p2,*p,ch;
  printf("input a string(a-z):\n");
  gets(str1);
  p=str1;p2=str2;
  while(*p)
  { while(*p==' ') p++;
    p1=p; ch=*p;
    while(*p1)
      if(*p1==ch){*p2=ch;*p1=' ';p1++;p2++;}
      else p1++;
  }
  *p2='\0';
  printf("result:\n");
  strcpy(str1,str2);
  puts(str2);
}
```

4.7　自测试题参考答案

1. 单项选择题
（1）D　　（2）B　　（3）C　　（4）B　　（5）A　　（6）C　　（7）B
（8）B　　（9）B　　（10）D

2. 程序分析题
（1）1 1 1 0　　　（2）1 3 7 15　　　（3）4　　（4）5　　（5）8

3. 程序填空题
（1）① j+=2 或 j=j+2 或 j++,j++　　　② a[i]>a[j]
（2）③ *r==*p　　　④ *r=='\0'
（3）⑤ y<3 或 y<=2　　　⑥ z==3

(4) ⑦ s[0][0]   ⑧ s[0][2]

(5) ⑨ a[i-1]+a[i-2]   ⑩ i%4==0

4. 程序设计题

(1)

```
#include <stdio.h>
#define N  10
main()
{ int a[N],i,s=0;
  for(i=0;i<N;i++)  scanf("%d",a+i);
  for(i=0;i<N&&a[i]%2==0;i++)  s=s+a[i];
  printf("%d",s);
}
```

(2)

```
#include <stdio.h>
#define N 11
main()
{ int a[N],i,j,t;
  for(i=0;i<N;i++)  scanf("%d",a+i);
  for(i=0;i<N/2-1;i++)
   for(j=i+1;j<N/2;j++)
     if(a[i]>a[j]){t=a[i];a[i]=a[j];a[j]=t;}
  for(i=N/2;i<N-1;i++)
   for(j=i+1;j<N;j++)
     if(a[i]<a[j]){t=a[i];a[i]=a[j];a[j]=t;}
  for(i=0;i<N;i++) printf("%d ",a[i]);
}
```

(3)

```
#include "stdio.h"
#include "string.h"
main()
{ int a[10]={0},len,i; char ch[81];
  gets(ch);
  len=strlen(ch);
  for(i=0;i<len;i++)
   if(ch[i]>='0'&&ch[i]<='9') a[ch[i]-'0']++;
  for(i=0;i<10;i++)
   printf("%c   %d\n",'0'+i,a[i]);
}
```

（4）

```c
#include <stdio.h>
#define N  5
main()
{ int a[N][N],i,j,t;
  for(i=0;i<N;i++)
  for(j=0;j<N;j++)
    scanf("%d",&a[i][j]);
  for(i=0;i<N;i++)
  { t=a[i][i];a[i][i]=a[i][N-i-1]; a[i][N-1-i]=t;}
  for(i=0;i<N;i++)
  { for(j=0;j<N;j++)
    printf("%d",a[i][j]);
    printf("\n");
  }
}
```

（5）

```c
#include <stdio.h>
#define M 3
#define N 4
main()
{ int a[M][N],i,j,k=0,b[M*N];
  for(i=0;i<M;i++)
  for(j=0;j<N;j++)
    scanf("%d",&a[i][j]);
  for(i=0;i<M;i++)
  for(j=0;j<N;j++)
    b[k++]=a[i][j];
  for(i=0;i<M*N;i++)
  printf("%d ",b[i]);
}
```

4.8　实验题目参考答案

（1）

```c
#include <stdio.h>
#define N  10
main()
{ int a[N],i,j,t;
  for(i=0;i<N;i++)  scanf("%d",a+i);
  i=0;j=N-1;
```

```
     while(i<j)
     { while(i<j&&a[i]>0) i++;
       while(i<j&&a[j]<0) j--;
       if(i<j){ t=a[i];a[i]=a[j];a[j]=t;}
     }
     for(i=0;i<N;i++)  printf("%d   ",a[i]);
}
```

(2)

```
#include "stdio.h"
#define N 10
main()
{ int a[N],i,j,t,m;
  printf("Input array:");
  for(i=0;i<N;i++)  scanf("%d",a+i);
  printf("Input m:");
  scanf("%d",&m);
  m=m%N;
  for(i=0;i<m;i++)
  { t=a[N-1];
    for(j=N-1;j>0;j--) a[j]=a[j-1];
    a[0]=t;
  }
  for(i=0;i<N;i++)
    printf("%d   ",a[i]);
}
```

(3)

```
#include <stdio.h>
main()
{ float a[7][6]={0};
  int i,j;
  printf("Input score:\n");
  for(i=0;i<5;i++)
  { for(j=0;j<4;j++)
    { scanf("%f",&a[i][j]);
      a[i][4]+=a[i][j];
      a[5][j]+=a[i][j];
    }
    a[i][5]=a[i][4]/4;
  }
  for(i=0;i<4;i++)
    a[6][i]=a[5][i]/5;
  printf("result:\n");
```

```
    for(i=0;i<7;i++)
    { for(j=0;j<6;j++)
        printf("%5.1f\t",a[i][j]);
      printf("\n");
    }
}
```

(4)

```
#include <stdio.h>
#define N 4
main()
{ int a[N][N],i,j,t;
  printf("Input matrix:\n");
  for(i=0;i<N;i++)
   for(j=0;j<N;j++)
     scanf("%d",&a[i][j]);
  for(i=0;i<N-1;i++)
   for(j=i+1;j<N;j++)
     if(a[i][i]>a[j][j])
     { t=a[i][i];a[i][i]=a[j][j];a[j][j]=t;}
  printf("Result.\n");
  for(i=0;i<N;i++)
  { for(j=0;j<N;j++)
      printf("%5d",a[i][j]);
     printf("\n");
  }
}
```

(5)

```
#include <stdio.h>
#define N 4
main()
{ int a[N][N],i,j,k,t,maxi,maxj;
  printf("Input matrix:\n");
  for(i=0;i<N;i++)
   for(j=0;j<N;j++)
     scanf("%d",&a[i][j]);
  for(i=0;i<N;i++)
  { maxi=i;maxj=i;
    for(j=0;j<N;j++)
    for(k=0;k<N;k++)
    { if(j==k&&j<i) continue;
      if(a[maxi][maxj]>a[j][k]){maxi=j;maxj=k;}
    }
```

```
    t=a[i][i];a[i][i]=a[maxi][maxj]; a[maxi][maxj]=t;
  }
  printf("Result:\n");
  for(i=0;i<N;i++)
  { for(j=0;j<N;j++)
     printf("%5d",a[i][j]);
    printf("\n");
  }
}
```

（6）

```
#include <stdio.h>
#define N 4
main()
{ int a[N][N],i,j,s=0,max;
  printf("Input matrix:\n");
  for(i=0;i<N;i++)
   for(j=0;j<N;j++)
     scanf("%d",&a[i][j]);
  for(i=0;i<N;i++)
  { max=a[i][0];
    for(j=1;j<N;j++)
     if(max<a[i][j]) max=a[i][j];
    s=s+max;
  }
  printf("Result:");
  printf("%d ",s);
}
```

（7）

```
#include "stdio.h"
#include "string.h"
main()
{ char str[81];int i,j,t,l,k;
  printf("Input string:");
  gets(str);
  l=strlen(str);
  for(i=0;i<l-1;i++)
  { for(j=i+1,k=i;j<l;j++)
    if(str[i]==str[j])  str[j]='\0';
    else if(str[j]!='\0'&&str[k]>str[j]) k=j;
    if(k!=i){ t=str[k];str[k]=str[i];str[i]=t;}
  }
  for(j=0,i=0;i<l;i++)
```

```
    if(str[i]!='\0')  str[j++]=str[i];
    str[j]='\0';
    printf("Result:");
    puts(str);
}
```

(8)

```
#include "stdio.h"
main()
{ char str[81];
  int t,i,j,cc;
  printf("Input string:");
  gets(str);
  for(i=0,j=0;str[i];i++)
  { t=str[i]>='a'&& str[i]<='f'|| str[i]>='A'&& str[i]<='F';
    if(str[i]>='0'&& str[i]<='9'||t) str[j++]=str[i];
  }
  str[j]='\0';
  t=0;
  for(i=0,str[i]!=0;i++)
  { if(str[i]>='0'&& str[i]<='9') cc=48;
    else if(str[i]>='a'&& str[i]<='f') cc=87;
        else cc=55;
    t=t*16+str[i]-cc;
  }
  printf("Result:");
  printf("%u\n",t);
}
```

4.9　思考题参考答案

(1) 答：若对数组初始化,则定义二维数组时第一维的长度可以省略,但第二维的长度不能省略,因为系统无法通过所提供的初始值确定其每列元素个数。省略第一维长度时,系统可根据初始列表中值的个数和第二维的长度计算出所省略的第一维长度,具体计算方法为：第一维长度＝⌈列表中值的个数/第二维的长度⌉。

(2) 答：定义一维数组时,[]内的数据是规定数组的元素总个数,要求必须为常量表达式；引用数组元素时,[]内数据的是使用元素在数组内的序号,可以为各种表达式,要求表达式值的范围为 0～元素总个数－1。

(3) 答：利用 q 引用数组元素 a[i][j] 的方式有三种：q[i][j]、*(q[i]+j)和*(*(q+i)+j)。

(4) 答：利用 p 引用数组元素 a[i][j] 的方式有三种：p[i][j]、*(p[i]+j)和*(*(p+i)+j)。

（5）**答**：第一种定义方式是用字符数组处理字符串，第二种定义方式是用字符指针处理字符串，其存储方式如图 4.2 所示。由此可知，第一种定义方式定义了一个等长的二维字符数组，第二种定义方式相当于定义了一个不等长的二维字符数组，每行宽度取决于具体字符串的长度。另外，系统为第一种定义方式分配的存储空间是连续的，但第二种定义方式的字符串之间则不一定连续。因此，相比于二维字符数组，指针数组有明显的优点：一是指针数组中不同元素所指的字符串不必限制长度；二是对字符串的处理是通过指针进行的，效率比下标方式要高。但是二维字符数组却可以通过下标很方便地修改某一元素的值，而指针数组却不容易实现。

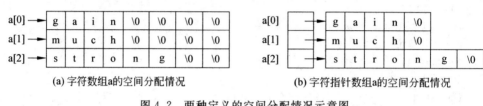

(a) 字符数组a的空间分配情况   (b) 字符指针数组a的空间分配情况

图 4.2　两种定义的空间分配情况示意图

第 5 章 函 数

CHAPTER

5.1 内容概述

本章主要介绍了函数的定义、调用、函数参数传递规则、函数的嵌套调用和递归调用、函数与带参数的宏的区别、主函数与命令行参数、变量的作用域和存储类别等内容。本章的知识结构如图 5.1 所示。

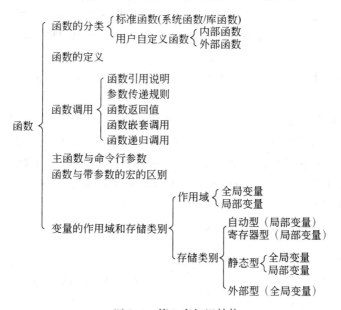

图 5.1 第 5 章知识结构

考核要求：熟练掌握函数的定义,熟练掌握函数的调用形式、参数传递规则、返回值类型和函数的递归调用,熟练掌握变量的作用域与存储类别,了解主函数与命令行参数,了解函数与带参数的宏的区别。

重点难点：本章的重点是函数的定义和调用方法、调用函数时数据传递方法、变量的作用域和存储类别。本章的难点是函数参数值传递和地址传递的区别、递归函数设计。

核心考点：函数定义和调用、变量的作用域和存储类别。

5.2 典型题解析

【例 5.1】 以下所列的函数首部中,正确的是(   )。

A. int play(var :integer,var b:integer)

B. float play(int a,b)

C. double play(int a,int b)

D. void play(a as integer,b as integer)

解析：函数定义的一般形式为：

[函数存储类别] 函数返回值类型 函数名([函数形式参数表])
{ 函数体说明部分
   函数功能语句序列
}

若存储类别省略,则系统默认为 extern,即外部函数。若返回值类型省略,则系统默认为 int。形式参数表的说明格式为：类型 1 形参 1,类型 2 形参 2,…,类型 n 形参 n。

本题中,选项 A、选项 B 和选项 D 的形式参数表说明格式都是错误的。

答案：C

【例 5.2】 若已定义的函数有返回值,则以下关于该函数调用的叙述中错误的是(   )。

A. 函数调用可以作为独立的语句存在   B. 函数调用可以作为一个函数的实参

C. 函数调用可以出现在表达式中   D. 函数调用可以作为一个函数的形参

解析：函数调用有三种方式：一是把函数调用作为一条语句,二是函数调用出现在一个表达式中,三是函数调用作为一个函数的实际参数。

答案：D

【例 5.3】 有以下函数定义：

```
void fun(int n, double x){ … }
```

若以下选项中的变量都已正确定义并赋值,则对函数 fun 正确调用的语句是(   )。

A. fun(int y,double m);   B. k=fun(10,12.5);

C. fun(x,n);   D. void fun(n,x);

解析：函数调用的一般形式为：

函数名(实际参数表)

函数调用时,不能写实际参数的类型和函数返回值的类型,故选项 A 和选项 D 是错误的。若函数返回值类型为 void(空类型),则禁止在函数调用中使用被调用函数的返回值,故选项 B 是错误的。

答案：C

【例 5.4】 程序中对函数 fun()有如下引用说明：

```
void * fun();
```

此说明的含义是(   )。

A. 函数 fun()无返回值

B. 函数 fun()的返回值可以是任意的数据类型

C. 函数 fun()的返回值是无值型的指针类型

D. 指针 fun 指向一个函数，该函数无返回值

解析：函数引用说明的主要作用是利用它在程序的编译阶段对被调用函数的合法性进行全面检查，包括函数名、函数返回值的类型、形式参数的个数、形式参数的类型和顺序。函数引用说明的形式为：

函数返回值类型 函数名(类型 1 形参 1,类型 2 形参 2,…)；

其中，形参名可以省略，写成：

函数返回值类型 函数名(类型 1,类型 2,…)；

在 Turbo C 中，当参数类型都为 int 或 char 时，类型名也可以省略，写成：

函数返回值类型 函数名()；

本题中，函数引用说明的含义是被调用函数的函数名为 fun,函数的返回值类型为空类型指针。

答案：C

【例 5.5】 有以下程序：

```
#include  <stdio.h>
int f(int n);
main()
{ int s;
  s=f(4); printf("%d\n",s);
}
int f(int n)
{ int s;
  if(n>0) s=n+f(n-1);else  s=0;
  return s;
}
```

程序运行后的输出结果是(   )。

A. 4   B. 10   C. 14   D. 6

解析：本题主要考察对函数递归调用的理解。程序中,递归结束条件是 n≤0。若满足递归结束条件,则不再递归,否则一直执行 s=n+f(n-1)的操作,展开此求和公式得：

$$s=4+f(3)=4+3+f(2)=4+3+2+f(1)=4+3+2+1+f(0)=4+3+2+1+0=10$$

答案：B

【例5.6】 有以下程序:

```
#include <stdio.h>
void fun(char * c,int d)
{ * c= * c+1;d=d+1;
  printf("%c,%c,", * c,d);
}
main()
{ char b='a',a='A';
  fun(&b,a);  printf("%c,%c\n",b,a);
}
```

程序运行后的输出结果是(   )。

A. b,B,b,A   B. b,B,B,A   C. a,B,B,a   D. a,B,a,B

解析:C语言中,函数参数的传递是单向值传递。确切地说,函数被调用时,系统为每个形参分配存储单元,然后把相应的实参值传送到这些存储单元作为形参的初值,再执行规定的操作。在函数中对形参的操作,不会影响到调用函数中的实参,即形参的值不能传回给实参。当指针作为函数的参数时,形参和实参指向同一存储单元,修改形参指向存储单元的值就等于修改实参所指向存储单元的值。

本题中,变量a的值('A')传递给形参d,a和d在内存中占用不同的存储单元,形参d的值在函数fun中被修改为'B',但实参a的值不变。变量b的地址传递给形参c,此时,&b和c都指向变量b。因此,*c就是b,对*c操作就是对b操作,即b的值在函数fun中被修改为'b'。

答案:A

【例5.7】 有以下程序:

```
#include <stdio.h>
void sum(int a[])
{ a[0]=a[-1]+a[1];}
main()
{ int a[10]={1,2,3,4,5,6,7,8,9,10};
  sum(a+2);
  printf("%d\n",a[2]);
}
```

程序运行后的输出结果是(   )。

A. 6   B. 7   C. 5   D. 8

解析:一维数组名可以作为函数的参数,调用函数时把数组的首地址传递给形参,这样实参数组和形参数组共占同一段内存,函数中对形参数组的操作实质上就是对实参数组的操作。

本题中,形参数组中元素a[i]是实参数组中的元素a[i+2],因此,函数调用结束后,实参数组元素a[2]的值为实参数组元素a[1]和a[3]的和,其值为6。

答案:A

【例 5.8】 有以下程序：

```
#include <stdio.h>
float f1(float n)
{ return  n * n;}
float f2(float n)
{ return  2 * n;}
main()
{ float (* p1)(float),(* p2)(float),(* t)(float),y1,y2;
  p1=f1; p2=f2;
  y1=p2(p1(2.0));
  t=p1;p1=p2;p2=t;
  y2=p2(p1(2.0));
  printf("%3.0f, %3.0f\n",y1,y2);
}
```

程序运行后的输出结果是( )。

A. 8，16   B. 8，8   C. 16，16   D. 4，8

解析：C 语言中，可以通过指向函数的指针变量调用函数，指向函数的指针变量的定义形式为：

函数返回值类型 (* 指针变量名)(形参表列)；

其中，形参表列的格式同函数引用说明。

可以利用指向函数的指针变量调用函数，函数调用的一般形式为：

(* 指针变量名)(实参表列)   或   指针变量名(实参表列)

本题中，先使指针变量 p1 指向函数 f1()，p2 指向函数 f2()，通过 p1 调用函数 f1()（返回值为 4），通过 p2 调用函数 f2()（返回值为 8，即 y1＝8）；再交换 p1 和 p2，使指针变量 p1 指向函数 f2()，p2 指向函数 f1()；通过 p1 调用函数 f2()（返回值为 4），通过 p2 调用函数 f1()（返回值为 16，即 y2＝16）。

答案：A

【例 5.9】 以下叙述中正确的是( )。

A. 局部变量说明为 static 存储类，其生存期将得到延长

B. 全局变量说明为 static 存储类，其作用域将被扩大

C. 任何存储类的变量在未赋初值时，其值都是不确定的

D. 形参可以使用的存储类说明符与局部变量完全相同

解析：若局部变量的存储类别说明为 static，则该变量在静态存储区分配存储空间，所占的空间一直持续到程序执行结束，其生存期将得到延长，故选项 A 正确。若全局变量的存储类别说明为 static，则该变量只能在定义它的文件内引用，连接在一起的其他文件不能使用，其作用域将被缩小，故选项 B 错误。static 和 extern 型变量的初始化在程序编译时处理，程序执行时不再处理，系统为未初始化的变量赋以 0 值，故选项 C 错误。局部变量的存储类别能说明为 static，但形参不能，故选项 D 错误。

答案：A

【**例 5.10**】 有以下程序：

```
#include <stdio.h>
int fun()
{ static int x=1;
  x * =2;
  return x;
}
main()
{ int i,s=1;
  for(i=1;i<=3;i++) s * =fun();
  printf("%d\n",s);
}
```

程序运行后的输出结果是(   )。

A. 0   B. 10   C. 30   D. 64

解析：static 型局部变量在静态存储区分配存储空间,其占用的存储单元在函数调用结束后不释放,下一次函数调用时,该变量的值就是上一次函数调用结束时的值。另外,static 型变量的初始化在程序编译时处理,程序执行时不再处理。

本题中,在函数 fun()内定义了 static 型局部变量 x,其初值为 1。函数 fun()被调用三次,每次调用前后 x 值的变化情况如下：

第一次调用：调用前,x=1,调用后,x=2;

第二次调用：调用前,x=2,调用后,x=4;

第三次调用：调用前,x=4,调用后,x=8;

由此可得,s=1×2×4×8=64。

答案：D

【**例 5.11**】 有以下程序：

```
#include <stdio.h>
int a=2;
int f(int n)
{ static int a=3;
  int t=0;
  if(n%2){ static int a=4; t+=a++;}
  else { static int a=5; t+=a++; }
  return t+a++;
}
main()
{ int s=a, i;
  for(i=0;i<3;i++) s+=f(i);
  printf("%d\n", s);
}
```

程序运行后的输出结果是(　　　)。

　　A. 26　　　　　　　　B. 28　　　　　　　　C. 29　　　　　　　　D. 24

解析：C 语言中,不同范围内允许使用同名的变量。在引用时,如果局部范围内定义了变量,则局部引用,否则向外扩展引用。另外,static 型局部变量在编译时赋初值,在程序运行时已有初值,以后每次调用函数时不再重新赋初值,只是保留上次调用结束时的值。auto 型局部变量在函数调用时赋初值,每调用一次函数都重新分配存储单元并赋初值。

本题中,在程序首部定义了全局变量 a,其作用域是整个程序;在函数 f() 的说明部分定义了 static 型局部变量 a,其作用域是函数 f() 的内部;在 if 和 else 后的复合语句内分别定义了 static 型局部变量 a,其作用域分别是定义它的复合语句。为了便于说明,函数 f() 说明部分定义的变量 a 用 f_a 表示,if 后面复合语句中定义的变量 a 用 if_a 表示,else 后面复合语句中定义的变量 a 用 else_a 表示。程序的执行过程如下:

主函数中使用全局变量 a,s=2;

第一次调用:n=0,f_a=3,t=0。由于 n%2 的值为 0,执行 else 后的复合语句,else_a=5,t=0+else_a=5,else_a=6。返回 t+f_a 的值(8),f_a=4。

第二次调用:n=1,f_a=4,t=0。由于 n%2 的值为 1,执行 if 后的复合语句,if_a=4,t=0+if_a=4,if_a=5。返回 t+f_a 的值(8),f_a=5。

第三次调用:n=2,f_a=5,t=0。由于 n%2 的值为 0,执行 else 后的复合语句,else_a=6,t=0+else_a=6,else_a=7。返回 t+f_a 的值(11),f_a=6。

由此可得:s=2+8+8+11=29。

答案：C

【**例 5.12**】　函数 fun 的功能是对形参 s 所指字符串中下标为奇数的字符按 ASCII 码值递增排序,并将排序后下标为奇数的字符取出,存入形参 p 所指字符数组中,形成一个新串。请填空。

```
#include <stdio.h>
void fun(char * s, char * p)
{ int i,j,n=0,x,t;
  for(i=0; s[i]!='\0'; i++)  n++;
  for(i=1;i<n-2;i=i+2)
  { _____①_____ ;
    for(j= _____②_____ ;j<n;j=j+2)
    if(s[t]>s[j]) t=j;
    if(t!=i)
    { x=s[i]; s[i]=s[t]; s[t]=x;}
  }
  for(i=1,j=0;i<n;i=i+2,j++)  p[j]=s[i];
  p[j]= _____③_____ ;
}
```

解析：用字符数组名或指向字符串的指针变量作为函数参数,可以在被调用函数中修改主调函数中的字符串内容,其原因是实参和形参指向同一存储单元。

本题使用的排序算法是简单选择排序。根据简单选择排序的思想及函数结构,t是存放最小元素下标的变量,初始值应为i,故①处应填写t=i。因为只对下标为奇数的字符排序,所以第i趟排序的第一次比较应是s[i]与s[i+2]比较,故②处应填写i+2。把排序后下标为奇数的字符存入p所指字符数组后,应在尾部加上字符串结束标志'\0',故③应填写'\0'。

答案: ① t=i   ② i+2   ③ '\0'

【例5.13】 下列程序中,select函数的功能是在N行M列的二维数组中找出最大值,最大值的地址作为函数返回值,并通过形参传回此最大值所在的行下标和列下标。请填空。

```
#include <stdio.h>
#define   N   3
#define   M   3
int * select(int  a[N][M],int * n,int * m)
{ int i,j,row=0,col=0;
  for(i=0;i<N;i++)
   for(j=0;j<M;j++)
    if(a[i][j]>a[row][col]){row=i;col=j;}
  * n=_____①_____;
  * m=col;
  return _____②_____;
}
main()
{ int a[N][M]={9,11,23,6,1,15,9,17,20}, * max,n,m;
  max=select(_____③_____);
  printf("max=%d,row=%d,col=%d\n", * max,n,m);
}
```

解析: 查找函数select()的基本思路是:用row和col分别存放最大值的行标和列标,初始时,把a[0][0]看做临时最大值,即row=0,col=0;然后,用数组中的元素逐个与临时最大值a[row][col]比较,若大于临时最大值,则用当前数组元素的下标(i,j)更新临时最大值下标(row,col);最终得到的最大值是a[row][col]。由于函数的返回值是最大值地址,因此,②处应填写&a[row][col](或 * (a+row)+col,或a[row]+col)。由于最大值的列标已存放到指针m指向的单元,因此,最大值行标应存放到指针n指向的单元,即①处应填写row。由于函数调用时,函数实参的类型和个数一定要与形参的类型和个数保持一致,因此,③处应填写a,&n,&m。

答案: ① row   ② &a[row][col] 或 * (a+row)+col 或 a[row]+col   ③ '\0'

【例5.14】 函数fun()的功能是:首先对a所指的N行N列的矩阵,找出各行中最大的数,再求这N个最大数中最小的那个数作为函数值返回。请填空。

```
#include <stdio.h>
```

```
#define  N  10
int fun(int (* a)[N])
{ int row,col,max,min;
  for(row=0;row<N;row++)
  { for(max=a[row][0],col=1;col<N;col++)
    if(      ①      ) max=a[row][col];
      if(row==0) min=max;
      else if(      ②      )min=max;
  }
  return min;
}
```

解析：查找函数 fun() 的基本思路是：用 max 存放一行中的最大数，用 min 存放 N 个最大数中的最小数。对于矩阵的每一行，初始时，把该行的第一个元素看做临时最大数，即 max＝a[row][0]；然后，用 max 与该行后面的 N-1 个元素依次比较；若 max 小，则用当前数组元素更新 max。如果当前行是第一行，则 min 的值就是 max 的值，否则，用当前行最大数 max 与 min 比较；若 max 小，则用 max 更新 min。由此可知，①处应填写 max＜a[row][col] 或 max＜ *(*(a+row)+col) 或 max＜ *(a[row]+col)，②应填写 max＜min，或 min＞max。

答案：① max＜a[row][col] 或 max＜ *(*(a+row)+col) 或 max＜ *(a[row]+col)
　　② max＜min 或 min＞max。

【例 5.15】　函数 fun() 的功能是在形参 s 所指字符串中寻找与参数 c 相同的字符。并在其后插入一个与之相同的字符。若找不到相同的字符，则函数不做任何处理。

```
void fun(char * s, char c)
{ int  i,j,n;
  for(i=0;s[i]!=      ①      ; i++)
   if(s[i]==c)
   { n=      ②      ;
     while(s[i+1+n]!='\0')  n++;
     for(j=i+n+1; j>i; j--) s[j+1]=s[j];
     s[j+1]=s[      ③      ];
     i=i+1;
   }
}
```

解析：函数 fun() 的基本思路是：从 s 所指字符串的第一个字符(s[0])开始，顺序查找与 c 相同的字符。若找到与 c 相同的字符(s[i])，则统计 s[i] 后面的字符的个数(n)，并将其后面字符(包括'\0')依次后移一位，然后将找到的字符 s[i] 插入到空出的位置。再从插入字符的下一个字符开始，重复上述操作，直到查到串尾('\0')为止。由此可知，①处应填写 '\0'，②处应填写 0，③处应填写 i。

答案：① '\0'　② 0　③ i

【例 5.16】　编写函数 fun(int n)，其功能是用筛选法统计所有小于等于 n(n＜

10000)的素数个数。

　　解析：用筛选法得到小于等于 n 的所有素数的方法是：从数 2 开始，将所有 2 的倍数的数从数表中删去(把数表中相应位置的值置成 0)；接着从数表中找下一个非 0 数，并从数表中删去该数的所有倍数；依次类推，直到所找的下一个数等于 n 为止。

```
int fun(int  n)
{ int a[10000],i,j,count=0;
  for(i=2;i<=n;i++) a[i]=i;
  i=2;
  while(i<n)
  { for(j=a[i]*2;j<=n;j+=a[i]) a[j]=0;
    i++;
    while(a[i]==0)i++;
  }
  for(i=2;i<=n;i++)
    if(a[i]!=0) count++;
  return  count;
}
```

　　【例 5.17】　假定字符串中只包含字母和 * 号。编写程序，通过函数调用方式删除字符串中除前导 * 号之外的全部 * 号。要求：不得使用 C 语言提供的字符串函数。

　　解析：设字符串的首地址为 a。首先统计前导 * 号个数(i)，然后从第一个非 * 号字符(指针变量 p 指向)开始，如果 p 指向的字符不为 * 号，则执行 a[i++]= * p。重复此操作，直到 p 指向的字符为'\0'为止。

```
#include  <stdio.h>
void fun(char * a)
{ int i=0;char * p=a;
  while(* p&& * p=='* ')
  { i++;p++;}
  while(* p)
  { if(* p!='* '){ a[i]= * p;i++;}
    p++;
  }
  a[i]='\0';
}
main()
{ char s[81], * t="****A*BC*DEF*G*******";
  printf("Enter a string :\n");
  gets(s);fun(s);
  printf("The string after deleted:\n");
  puts(s);
}
```

　　【例 5.18】　编写函数 fun(int(* t)[N])，其功能是将 N×N 矩阵以主对角线为对称线的对称元素相加并将结果存放在下三角元素中,上三角元素置为 0。

解析:对于下三角阵的每个元素 t[i][j],执行操作 t[i][j]＝t[i][j]＋t[j][i],同时将其对称元素 t[j][i]置 0。

```
#include  <stdio.h>
#define  N  4
void fun(int(*t)[N])
{ int i,j;
  for(i=1;i<N;i++)
  { for(j=0;j<i;j++)
    { t[i][j]=t[i][j]+t[j][i];
      t[j][i]=0;
    }
  }
}
```

【例 5.19】　编写程序,通过函数调用方式统计长整数 n 的各位上出现数字 1、2、3 的次数,并通过全局变量 c1、c2、c3 返回主函数。

解析:通过取余操作,依次取出长整数 n 的各位数并进行相应的操作即可。由于系统在编译时自动将数值型全局变量的值初始化 0,所以对全局变量 c1、c2、c3 不必初始化。

```
#include  <stdio.h>
int c1,c2,c3;
void fun(long  n)
{ while(n)
  { switch(n%10)
    { case 1: c1++; break;
      case 2: c2++; break;
      case 3: c3++;
    }
    n/=10;
  }
}
main()
{ long n=123114350L;
  fun(n);
  printf("\nThe result :\n");
  printf("n=%ld  c1=%d  c2=%d  c3=%d\n",n,c1,c2,c3);
}
```

【例 5.20】　编写程序,通过函数调用方式求出 s 所指字符串中最后一次出现 t 所指子字符串的地址。

解析:从字符串 s 的第一个字符开始查找子串 t,找到后保存新找到的子串的地址,重复此操作,直到字符串 s 的尾部('\0')为止。

```
#include  <stdio.h>
char * fun(char * s,char * t)
{ char * p, * r, * a;
  a=NULL;
  while( * s)
  { p=s;r=t;
    while( * r)
      if( * r== * p)
      { r++;p++;}
      else break;
    if( * r=='\0') a=s;
    s++;
  }
  return a;
}
main()
{ char s[100],t[100], * p;
  printf("\nPlease enter string S :"); scanf("%s",s);
  printf("\nPlease enter substring t :"); scanf("%s",t);
  p=fun(s,t);
  if(p) printf("\nThe result is:%s\n",p);
  else  printf("\nNot found !\n");
}
```

5.3 自测试题

1. 单项选择题

(1) 设函数 fun 的定义形式为：void fun(char ch, float x){ … },则以下对函数 fun()
的调用语句中,正确的是(   )。

      A. fun("abc",3.0);   B. t＝fun('D',16.5);

      C. fun(32,32);   D. fun('65',2.8);

(2) C 语言规定,函数返回值的类型由(   )。

      A. 函数中 return 语句的表达式类型决定

      B. 函数定义时指定的类型决定

      C. 调用该函数时系统临时决定

      D. 主调函数的返回值类型决定

(3) 下面关于全局变量的描述中,错误的是(   )。

      A. 所有在函数体外定义的变量都是全局变量

      B. 全局变量可以和局部变量的名称相同

      C. 全局变量第一次被引用时,系统为其分配内存

      D. 全局变量直到程序结束时才被释放

(4) 下面关于局部变量的描述中,错误的是(　　)

　　A. static 型局部变量的作用域是当前文件

　　B. 函数的形式参数是局部变量

　　C. 在复合语句中定义的变量在本复合语句中有效

　　D. 不同函数中可以定义相同名称的局部变量

(5) 以下说法不正确的是(　　)。

　　A. 实参可以是任意类型　　　　　　　　B. 形参应与对应的实参类型一致

　　C. 形参可以是常量、变量或表达式　　　D. 实参可以是常量、变量或表达式

(6) 以下叙述正确的是(　　)。

　　A. 主函数 main() 的形参个数和形参名均可由用户指定

　　B. 主函数 main() 的形参名只能是 argc 和 argv

　　C. 当主函数 main() 带有形参时,传递给形参的值从调用它的函数得到

　　D. 当主函数 main() 带有形参时,传递给形参的值只能从命令行中得到

(7) 若函数的形参是一个有 M 行 N 列的二维整型数组,则错误的形参说明是
(　　)。

　　A. int a[M][]　　　B. int a[][N]　　　C. int(*a)[N]　　　D. int a[M][N]

(8) 若有如下定义和说明:

```
int (*pf)(int x),int fun(int x);
```

则正确的赋值语句是(　　)。

　　A. *pf=fun;　　　B. pf=fun;　　　C. pf=&fun;　　　D. pf=fun();

(9) 设有如下函数定义:

```
int fun(int k)
{ if(k<1) return 0;
  else if(k==1) return 1;
      else return  fun(k-1)+1;
}
```

若执行调用语句：n=fun(3);,则函数 fun 总共被调用的次数是(　　)。

　　A. 2　　　　　　　B. 3　　　　　　　C. 4　　　　　　　D. 5

(10) 下列程序运行后的输出结果是(　　)。

```
#include <stdio.h>
void swap1(int c0[],int c1[])
{ int t;t=c0[0];c0[0]=c1[0];c1[0]=t;}
void swap2(int *c0,int *c1)
{ int t;t=*c0;*c0=*c1;*c1=t;}
main()
{ int a[2]={3,5},b[2]={3,5};
  swap1(a,a+1);swap2(&b[0],&b[1]);
  printf("%d %d %d %d\n",a[0],a[1],b[0],b[1]);
```

```
  }
```

    A. 3 5 5 3   B. 5 3 3 5   C. 3 5 3 5   D. 5 3 5 3

2. 程序填空题

(1) 函数 fun()的功能是将 n 所指变量中的各位上为偶数的数去除,剩余的数按原来从高位到低位的顺序组成一个新的数,并通过形参指针 n 传回所指变量。

```
void fun(unsigned long  * n)
{ unsigned long x=0,i=1;
  int t;
  while(* n)
  { t= * n%____①____;
    if(t%2!=0)
    { x=x+t * i; i=i * 10;}
    * n= * n /10;
  }
  * n=____②____;
}
```

(2) 函数 fun()的功能是将 s 所指字符串中的所有数字字符移到所有非数字字符之后,并保持数字字符和非数字字符原有的先后次序。

```
void fun(char * s)
{ int i,j=0,k=0;
  char t1[80],t2[80];
  for(i=0;s[i]!='\0';i++)
   if(s[i]>='0'&&s[i]<='9')
   { t2[j]=s[i];____③____; }
   else  t1[k++]=s[i];
  t2[j]=0;t1[k]=0;
  for(i=0;i<k;i++)____④____;
  for(i=0;i<j;i++)  s[____⑤____]=t2[i];
}
```

(3) 函数 fun()的功能是对 N×N 矩阵的外围元素顺时针旋转。操作顺序是:首先将第一行元素的值存入临时数组 r,然后使第一列成为第一行,最后一行成为第一列,最后一列成为最后一行,临时数组中的元素成为最后一列。

例如,若 N=3,有下列矩阵: 计算结果为:

    1   2   3   7   4   1

    4   5   6   8   5   2

    7   8   9   9   6   3

```
#define  N  3
void fun(int  (* t)____⑥____)
{ int j,r[N];
```

```
   for(j=0;j<N;j++)   r[j]=t[0][j];
   for(j=0;j<N;j++)
   t[0][N-j-1]=t[j][0];
   for(j=0;j<N;j++)
   t[j][0]=t[N-1][___⑦___];
   for(j=N-1;j>=0;j--)
   t[N-1][N-1-j]=t[j][N-1];
   for(j=N-1;j>=0;j--)
   t[j][N-1]=r[___⑧___];
}
```

(4) 函数 fun()的功能是在 ss 所指字符串数组中,删除所有串长超过 k 的字符串,函数返回所剩字符串的个数。ss 所指字符串数组中共有 N 个字符串,且串长小于 M。

```
#include  <string.h>
#define   N   5
#define   M   10
int fun(char ss[][M],int k)
{ int i,j=0,len;
  for(i=0;i<N;i++)
  { len=strlen(ss[i]);
    if(len<=___⑨___)
      strcpy(ss[j++],___⑩___);
    }
  return j;
}
```

3. 程序分析题

(1) 写出下面程序的运行结果。

```
#include <string.h>
#include <stdio.h>
void f(char * s, char * t)
{ char k;
  k= * s; * s= * t; * t=k;
  s++; t--;
  if( * s) f(s,t);
}
main()
{ char str[10]="abcdefg", * p;
  p=str+strlen(str)/2+1;
  f(p,p-2);
  printf("%s\n",str);
}
```

（2）写出下面程序的运行结果。

```c
#include <stdio.h>
void fun(long s,long * t)
{ long s1=10;
  * t=s%10;
  while(s>0)
  { s=s/100;* t=s%10 * s1+ * t;s1=s1 * 10;}
}
main()
{ long s=7654321,t;
  fun(s, &t);
  printf("The result is: %ld\n", t);
}
```

（3）写出下面程序的运行结果。

```c
#include <stdio.h>
int f1(int x,int y){return x>y?x:y;}
int f2(int x,int y){return x>y?y:x;}
main()
{ int a=4,b=3,c=5,d=2,e,f,g;
  e=f2(f1(a,b),f1(c,d));
  f=f1(f2(a,b),f2(c,d));
  g=a+b+c+d-e-f;
  printf("%d,%d,%d\n",e,f,g);
}
```

（4）写出下面程序的运行结果。

```c
#include <stdio.h>
int a=5;
int f(int n);
main()
{ int a=3,s;
  s=f(a);s=s+f(a);
  printf("%d\n",s);
}
int f(int n)
{ static int a=1;
  n+=a++;
  return n;
}
```

（5）写出下面程序的运行结果。

```c
#include  <stdio.h>
```

```
#define   N    4
fun(int t[][N],int n)
{ int i,sum;
  sum=0;
  for(i=0;i<n;i++) sum+=t[i][i];
  for(i=0;i<n;i++) sum+=t[i][n-i-1];
  return sum;
}
main()
{ int t[][N]={21,2,13,24,25,16,47,38,29,11,32,54,42,21,3,10};
  printf("%d",fun(t,N));
}
```

4. 程序设计题

(1) 通过函数调用方式求出所有的四位正整数中千位数加个位数等于百位数加十位数的个数,再求出所有满足此条件的四位数的平均值以及不满足此条件的四位数的平均值。

(2) 已知字符数组 ss 中共有 M 个串长小于 N 的字符串,求长度最短的字符串的串长及行下标。

(3) 编写程序,通过函数调用方式计算下列公式的值$\left(\text{精度要求为}\dfrac{x^n}{n!}<10^{-6}\right)$。

$$1+\sum_{i=1}^{n}(-1)^{i+1}\frac{x^i}{i!}$$

(4) 编写函数 fun(char * s,char * t1,char * t2,char * w),其功能是将 s 所指字符串中最后一次出现的与 t1 所指字符串相同的字符串替换成 t2 所指字符串,所形成的新串放在 w 所指的数组中。要求:t1 和 t2 所指字符串的长度相同。

5.4   实验题目

(1) 有两个数组 a、b,各有 10 个元素,分别统计出两个数组对应元素大于($a[i]>b[i]$)、等于($a[i]=b[i]$)和小于($a[i]<b[i]$)的次数。

要求:通过函数调用方式,并分别使用数组元素、数组名和指针变量作为函数的参数。

(2) 编写程序,通过函数调用方式将一个 5×5 阶矩阵中的最大元素放在中心,四个角分别放 4 个最小元素(按从左到右、从上到下的顺序依次从小到大存放)。

(3) 编写程序,计算下列函数值:

$$f(x,y)=\frac{s(x)}{s(y)}$$

其中, $s(n)=\sum_{i=1}^{n}p(i)=p(1)+p(2)+\cdots+p(n),p(i)=i!$。

要求:为函数 p(i)、s(n)、f(x,y)各编写一个函数。

(4) n 个人按年龄从小到大站成一排,编号依次为 1 到 n,年龄都相差 2 岁,且第一个人的年龄是 10 岁,问第 n 个人的年龄是多少?

要求:通过函数递归调用方式实现。

(5) 找出所有 100 以内(含 100)满足 i、i+4 和 i+10 都是素数的整数 i(i+10 也在 100 以内)的个数 cnt 以及这些 i 之和 sum。

要求:通过一次函数调用完成。

(6) 输出 n×n 阶矩阵的最大值、最小值及其下标。

要求:通过函数调用方式且使用全局变量和指针作为函数参数两种方法实现。

(7) 编写程序,通过函数调用方式判定 N×N(规定 N 为奇数)矩阵是否是"幻方"。"幻方"的判定条件是矩阵每行、每列、主对角线及次对角线上的元素之和都相等。

(8) 计算:$\sum_{i=1}^{n} \dfrac{i+1}{i!}$ $\left(\text{精度要求为} \dfrac{n+1}{n!} < 10^{-6}\right)$。

要求:通过函数调用方式且使用静态局部变量实现。

(9) 已知 a、b 都为整型数,计算 a^b。

要求:主函数和计算 a^b 的函数在不同文件中存放,求 a^b 的函数为内部函数。

(10) 删除字符串中的指定字符。

要求:使用工程文件完成。主函数和删除字符串指定字符的函数在不同文件中存放,删除字符串指定字符的函数为外部函数。

5.5 思考题

(1) 函数定义与函数引用说明的区别是什么?
(2) 如何通过一次函数调用获得多个值?
(3) 关键字 static 的作用是什么?
(4) 外部变量定义与外部变量引用声明的区别是什么?
(5) 如何在 Turbo C 和 VC++ 环境下运行一个多文件的程序?

5.6 习题解答

1. 单项选择题(下列每小题有 **4** 个备选答案,将其中的一个正确答案填到后面的括号内)

(1) C 语言中,如果对函数类型未加说明,则函数的隐含类型为(   )。

　　① duoble　　　　② void　　　　③ int　　　　④ char

解答:函数类型(即函数返回值类型)可以是任意已知的类型,一般在定义函数时应加以说明。当未说明函数类型时,Turbo C 和 VC++ 将自动认定为基本整型,即 int。

答案:③

(2) 下面对函数的叙述中,不正确的是(   )。

　　① 函数的返回值是通过函数中的 return 语句获得的

　　② 函数不能嵌套定义

③ 一个函数中有且只有一个 return 语句

④ 函数中没有 return 语句,并不是不带回值

解答：C 语言中,函数可以嵌套调用,但不能嵌套定义,选项②正确。调用函数可通过 return 语句得到一个返回值,选项①正确。一个函数中可以有多个 return 语句,但调用函数执行到第一个 return 语句将被中止,返回到主调函数,选项③错误。一个函数中可以没有 return 语句。若函数类型为空类型(void),则在函数中不允许使用 return 语句。若函数类型不是空类型,且函数中没有 return 语句,则函数调用将带回一个不确定的值,选项④正确。

答案：③

(3) 用数组名作为函数调用时的实参,实际上传递给形参的是(　　)。

① 数组全部元素的值　　　　　　　② 数组首地址

③ 数组第一个元素的值　　　　　　④ 数组元素的个数

解答：因为数组名代表数组存放的起始地址,且参数传递是赋值运算,所以传递给形参的是数组的首地址。此时,形参数组就是实参数组,在函数中对形参数组的操作就是对实参数组操作。

答案：②

(4) 下列对静态局部变量的叙述,(　　)是不正确的。

① 静态局部变量在整个程序运行期间都不释放

② 在一个函数中定义的静态局部变量可以被另一个函数使用

③ 静态局部变量在编译时赋初值,故它只能被初始化一次

④ 数值型静态局部变量的初值默认为 0

解答：静态型局部变量在静态存储区分配存储单元,在整个程序运行期间不释放,但不能被其他函数引用。静态型局部变量在编译时赋初值,如果在定义静态型局部变量时没有赋初值,则编译程序自动对静态型局部变量赋初值,数值型变量为 0,字符型变量为'\0'。

答案：②

(5) 函数调用语句"f((s1,s2),(s3,s4,s5));"中参数的个数是(　　)。

① 1　　　　　　② 2　　　　　　③ 4　　　　　　④ 5

解答：f((s1,s2),(s3,s4,s5))中有 2 个参数,一个是逗号表达式(s1,s2),另一个是逗号表达式(s3,s4,s5)。

答案：②

(6) C 语言中函数隐含的存储类别是(　　)。

① auto　　　　　② static　　　　　③ extern　　　　　④ register

解答：C 语言中,函数的存储类别有静态型(static)和外部型(extern),分别表示函数为内部函数和外部函数。内部函数只能被它所在文件中的函数调用,而外部函数则可以通过引用说明被整个程序其他文件中的函数所调用。C 语言规定,如果在定义函数时省略存储类别,则隐含为外部型(extern)。

答案：③

(7) 普通变量作为实参时,它和对应形参间的数据传递方式是(   )。

① 地址传递　　　　　　　　　② 单向值传递

③ 由实参传给形参,再由形参传给实参　④ 由用户指定传递方式

解答:参数传递规则为:实参表达式的值对应地单向传递给各个形参变量。而普通变量是一个特殊的表达式,所以,普通变量作为形参时,就是将该变量的值单向传递给对应的形参变量。

答案:②

(8) 若有以下定义和说明:

```
int fun(int  * c){…}
main()
{ int  (* a)()=fun,*b(),w[10],c;
      ⋮
}
```

在必要的赋值之后,对 fun 函数的正确调用语句是(   )。

① a＝a(w);　　　② (＊a)(&c);　　　③ b＝＊b(w);　　　④ fun(b);

解答:a 是一个指向函数的指针变量,初始值为 fun,通过 a(w)调用函数 fun()是可以的,但函数 fun()的返回值是整型,不能赋给指针变量 a,选项①错误。通过(＊a)(&c)调用函数 fun()是可以的,选项②正确。b 是一个返回值为整型指针的函数名,未与 fun建立任何联系,无法调用函数 fun(),选项③错误。用 fun 本身来调用函数 fun 是正确的,但用函数名(b)作为实参是不正确的,因为函数 fun()的形参为一个整型指针变量,只能接收一个整型变量的地址或数组名,选项④错误。

答案:②

(9) 有以下函数:

```
char * fun(char * p)
{ return p;}
```

该函数的返回值是(   )。

① 无确定的值　　　　　　　　② 形参 p 中存放的地址值

③ 一个临时存储单元的地址　　　④ 形参 p 自身的地址值

解答:该函数的形参为字符型指针变量(p),返回值类型为字符型指针,所以选项①和选项③错误。形参 p 自身的地址值是 &p,选项④错误。选项②是正确的,返回指针变量 p 中存放的地址值,与返回值类型一致。

答案:②

(10) 要求函数的功能是交换 x 和 y 的值,且通过正确函数调用返回交换结果。能正确执行此功能的函数是(   )。

```
① funa(int * x,int * y)              ② funb(int x,int y)
   { int * p;                           { int t;
     * p= * x; * x= * y; * y= * p;        t=x;x=y;y=t;
   }                                    }
```

③ func(int ＊ x,int ＊ y)　　　　　④ fund(int ＊ x,int ＊ y)

　　{ ＊x＝＊y; ＊y＝＊x;}　　　　　　　{ ＊x＝＊x＋＊y; ＊y＝＊x－＊
　　　　　　　　　　　　　　　　　　　y; ＊x＝＊x－＊y;}

解答：将两个变量的值交换并带回交换的结果,选项①可以完成,但函数 funa()中的指针变量 p 指向不明确,＊p＝＊x 将会有警告错误,执行时可能会出现系统问题,不可取。选项②未用指针作为参数,其中的 x、y、t 都是局部变量,函数调用结束后将自动释放空间,结果带不回去。选项③中没有交换语句,赋值覆盖,带回的结果都是 y 指向的值。选项④中的交换语句是正确的。它先将两数的和赋值给＊x;再从中去除＊y 的值后就只剩原来的＊x 值了,赋值给＊y;再从中去除＊x 的值后就只剩原来的＊y 的值了,赋值给＊x,完成了两个数的交换。

答案：④

2. 程序分析题

(1) 下列函数的功能是什么?

```
void ch(int ＊ p1,int ＊ p2)
{ int p;
  if(＊p1>＊p2){p=＊p1; ＊p1=＊p2; ＊p2=p;}
}
```

解答：因为是指针作为参数,所以改变的结果通过参数被带回。

答案：将传过来的两个指针参数指向的数据按值递增排列并传回到原变量中。

(2) 下列函数的功能是什么?

```
float av(float a[],int n)
{ int i;float s;
  for(i=0,s=0;i<n;i++)s=s+a[i];
  return(s/n);
}
```

解答：n 不一定是数组的全部元素个数。

答案：求数组 a 中的前 n 个元素的平均值。

(3) 写出下面程序的运行结果。

```
#include "stdio.h"
unsigned fun(unsigned num)
{ unsigned k=1;
  do { k＊=num%10;num/=10;}while(num);
  return k;
}
void main()
{ unsigned n=26;
  printf("%d\n",fun(n));
}
```

解答：函数 fun()的功能就是计算一个整数(num)中的各位数字的累乘。

答案：12

(4) 写出下面程序的运行结果。

```c
#include "stdio.h"
long fib(int n)
{ if(n>2) return(fib(n-1)+fib(n-2));
  else return(2);
}
void main()
{ printf("%ld\n",fib(3));}
```

解答：函数 fib()的功能是计算 Fibonacci 序列第 n 项的值,每项的值为其前两项之和,其中数列的第一项和第二项的值都为 1。第 10 项的值为 55。

答案：55

(5) 写出下面程序的运行结果。

```c
#include "stdio.h"
void fun(char * s)
{ char t,* p,* q;
  p=s;q=s;
  while(* q) q++;
  q--;
  while(p<q)
  { t=* p++;* p=* q--;* q=t;}
}
void main()
{ char a[]="ABCDEFG";
  fun(a);puts(a);
}
```

解答：在函数 fun()中,复合语句{ t= * p＋＋; * p= * q－－; * q=t;}完成相应的赋值功能后,指针移动了,所以不是简单交换两个变量的值。

答案：AGAAGAG

(6) 写出下面程序的运行结果。

```c
#include "stdio.h"
int f(int a)
{ int b=0;
  static c=3;
  a=c++,b++;
  return a;
}
```

```
void main()
{ int a=2,i,k;
  for(i=0;i<2;i++)
    k=f(a++);
  printf("%d\n",k);
}
```

解答：主函数 main() 中的变量 a 和函数 f() 中的变量 b 都是干扰项，不用考虑。函数 f() 中的变量 c 是一个静态局部变量，其初始化只进行一次，函数调用结束后，其值改变的结果将被保留。函数 f() 被调用两次，第一次返回值为 3，第二次返回值为 4。主函数 main() 中，k=f(a++); 为 for 的循环体语句，退出循环后，只有最后一次赋值是有效的。

答案：4

(7) 写出下面程序的运行结果。

```
#include "stdio.h"
int a=100;
void fun()
{ int a=10;
  printf("%d\n",a);
}
void main()
{ printf("%d\n",a++);
  { int a=30;
    printf("%d\n",a);
  }
  fun();
  printf("%d\n",a);
}
```

解答：在程序中，变量 a 定义在不同的位置，其作用域是不同的。全局变量 a 的值为 100，作用域从定义点开始至程序末尾。函数 fun() 中局部变量 a 的值为 10，其作用域为函数 fun() 内部。主函数 main() 中局部变量 a 的值为 30，其作用域为其所在复合语句中。若在同一个作用域内有同名变量，则复合语句中的局部变量将屏蔽同名的其他变量，局部变量将屏蔽同名的全局变量。

答案：100 30 10 101

(8) 写出下面程序的运行结果。

```
#include "stdio.h"
char * fun(char * s,char c)
{ while(* s&&* s!=c) s++;
  return s;
}
void main()
{ char * s="abcdefg",c='c';
```

```
      printf("%s",fun(s,c));
    }
```

解答：函数 fun()的功能是在一个字符串中查找指定字符 c 出现的位置,并返回该字符的地址。在函数中输出该字符及其后的全部字符。

答案：cdefg

(9)有以下一个主函数,它所在的文件名为 f1.c。运行时若从键盘输入：f1 abc bcd,则输出结果是什么?

```
#include "stdio.h"
void main(int argc ,char * argv[])
{ while(argc>1)
  { printf("%c",* (* (++argv)));
    argc--;
  }
}
```

解答：该程序为命令行参数,其功能是输出除命令名本身之外的其他各个参数的首字符。

答案：ab

(10)写出下面程序的运行结果。

```
#include "stdio.h"
void ast(int x,int y,int * cp,int * dp)
{ * cp=x+y;
  * dp=x-y;
}
void main()
{ int a,b,c,d;
  a=4;b=3;
  ast(a,b,&c,&d);
  printf("%d %d\n",c,d);
}
```

解答：该程序的功能是计算两个整数的和与差,并用指针作为参数带回到主函数中。
答案：7 1

3. 程序填空题(请在下列程序的下画线处填上正确的内容,使程序完整)
(1)下面程序使用指向函数的指针变量调用函数 max()求最大值。

```
#include "stdio.h"
void main()
{ int max(int x,int y);
  int (* p)(intx,int y);
  int a,b,c;
  p=_____①_____ ;
```

```
    scanf("%d  %d",&a,&b);
    c=____②____;
    printf("a=%d  b=%d  max=%d",a,b,c);
}
int max(int x, int y)
{ int z;
  if(x>y)  z=x;
  else z=y;
  return(z);
}
```

解答：C语言中,可以利用指向函数的指针变量调用函数,函数调用的一般形式为:

(* 指针变量名) (实参表列)

或

指针变量名 (实参表列)

利用指向函数的指针变量调用函数前,应先将函数的入口地址赋给指针变量,因为函数名代表函数入口地址,所以第一个空应填 max。第二个空是函数调用,根据利用指向函数的指针变量调用函数的一般形式,第二个空应填(* p)(a,b)或 p(a,b)。

答案：① max ② (* p)(a,b)(或 p(a,b))

（2）下面函数为二分法查找 key 值。数组中的元素值已递增排序。若找到 key,则返回对应的下标,否则返回-1。

```
int binary(int a[],int n,int key)
{ int  low,high,mid;
  low=0;
  high=n-1;
  while(____③____)
  { mid=(low+high)/2;
    if(key<a[mid])
        ____④____;
    else if(key>a[mid])
          ____⑤____;
          else return(mid);
  }
  return (-1);
}
```

解答：二分查找法是一种非常著名的查找方法,查找效率非常高。它采用区间折半的方法对给定值进行查找,所以也称为折半查找。当给定值小于当前值时,在整个区间的左半区进行查找,否则在右半区进行查找;如此反复进行,直到找到返回所在下标,否则返回一个失败的标志,通常为 0 或-1。既然是区间折半,存放数据的区间就一定是连续存储的(数组结构);另外,为了正常缩小区间,数组内的数据必须是递增(或递减)有序排列的。

该程序中,low 代表区间下界,high 代表区间上界,查找条件是 low 不大于 high,所以 ③处应填 low<=high。mid 为查找区间中间元素的下标,将关键字 key 与 a[mid]进行比较。若二者相等,则返回下标 mid;若 key 小于 a[mid],则区间上界变为 mid−1;若 key 大于 a[mid],则区间下界变为 mid+1。由此可知,④处应填 high=mid−1,⑤处应填 low=mid+1。

答案:③ low<=high ④ high=mid−1 ⑤ low=mid+1

(3) 下面函数将 b 字符串连接到 a 字符串的后面,并返回 a 中新串的长度。

```
int strcen(char a[],char b[])
{ int num=0,n=0;
  while(*(a+num)!=____⑥____) num++;
  while(b[n])
  {  *(a+num)=b[n];
    num++;
    ____⑦____;
  }
  *(a+num)='\0';
  return(num);
}
```

解答:先计算 a 串结束标志'\0'的下标(num),再将 b 串的字符依次复制到 a 串的后面。

答案:⑥ '\0' ⑦ n++(或++n,或 n+=1,或 n=n+1)

(4) 下面 fun 函数的功能是将形参 x 的值转换成二进制数,所得二进制数的每一位数放在一维数组中返回,二进制数的最低位放在 0 下标处,其他位依此递增。

```
int fun(int x,int b[])
{ int k=0,r;
  do
  { r=x%____⑧____;
    b[k++]=r;
    x/=____⑨____;
  }while(x);
  return k-1;
}
```

解答:十进制整数转换成二进制数的方法是除 2 取余数,然后余数倒排。按题目的规定无须倒排,只需按取出的顺序存放到数组中即可。

答案:⑧ 2 ⑨ 2

(5) 下面函数用来在 w 数组中插入 x。n 所指向的存储单元中存放 w 数组中的字符个数。数组 w 中的字符已按从小到大的顺序排列,插入后数组 w 中的字符仍有序。

```
void fun(char *w,char x,int *n)
{ int i,p;
```

```
    p=0;
    w[ * n]=x;
    while(x>w[p]) p++;
    for(i= * n;i>p;i--) w[i]=____⑩____;
    w[p]=x;
    ++ * n;
}
```

解答：语句"w[* n]＝x;"是将 x 存入数组 w 的最后位置，可以省略。语句"while(x＞w[p]) p++;"是顺序查找 x 的插入位置。for 循环语句是将下标从 p 开始的字符依次后移一个位置。最后两个语句将 x 插入到指定位置，并修改数组长度。

答案：⑩ w[i－1] 或 * (w+i－1)

4．程序改错题（下列每小题有一个错误，找出并改正）

（1）函数 fun() 的功能是计算 $1+1/2+1/3+\cdots+1/m$。

```
fun(int m)
{ double t=1.0;
  int i;
  for(i=2;i<=m;i++)
    t+=1.0/i;
  return t;
}
```

解答：在 C 语言中，若定义函数时省略函数返回值类型，则系统默认为 int，与 return 语句的返回值类型不一致。

答案：错误行：fun(int m)

　　　　修改为：double fun(int m)

（2）函数 str_space() 的功能是统计字符串中的空格数。

```
void str_space(char * str,int * num)
{ * num=0;
  while( * str!='\0')
  if( * str++==' ')  num++;
}
```

解答：num 是指针变量，它指向的单元存放统计结果。

答案：错误行：if(* str＋＋＝＝' ') num＋＋;

　　　　修改为：if(* str＋＋＝＝' ') (* num)＋＋;

（3）函数 fun() 的功能是：将 a 所指字符串中的字符和 b 所指字符串中的字符按排列的顺序交叉合并到 c 所指的数组中，并将过长的剩余字符接在 c 所指数组的尾部。

```
void fun(char a,char b,char c)
{ while( * a&& * b)
  { * c= * a;c++;a++;
```

```
    * c= * b;c++;b++;
  }
  if( * a=='\0')
    while( * b){ * c= * b;c++;b++;}
  else
    while( * a){ * c= * a;c++;a++; }
  * c='\0';
}
```

解答：因为函数处理的是三个字符串，而不是三个字符，所以函数参数表有错误。

答案：错误行：void fun(char a,char b,char c)

修改为：void fun(char * a,char * b,char * c)，其中，void 也可以不写。

(4) 函数 fun()的功能是在串 s 中查找子串 t 的个数。

```
int fun(char * s, char * t)
{ int n;char * p, * r;
  n=0;
  while( * s)
  { p=s;r=t;
    while( * s&& * r)
      if( * r== * p){ r++;p++;}
      else  break;
    if(r=='\0') n++;
    s++;
  }
  return  n;
}
```

解答：该函数的方法是从串 s 的第一个字符开始依次与串 t 的字符进行比较。若串 t 的结束标志'\0'之前的对应字符都相等，则找到，记数加 1；否则再从串 s 的下一个字符开始依次与串 t 进行比较，如此重复，直到串 s 结束。

答案：错误行：if(r=='\0') n++;

修改为：if(* r=='\0') n++;

(5) 函数 my_cmp()的功能是：比较字符串 s 和 t 的大小，当 s 等于 t 时返回 0，否则返回 s 和 t 的第一个不同的字符的 ASCII 码差值，即当 s>t 时返回正值，当 s<t 时返回负值。

```
int my_cmp(char * s, * t)
{ while( * s== * t)
  { if( * s=='\0') return(0);
    s++;t++;
  }
  return( * s- * t);
}
```

解答：定义函数时，函数形式参数表的格式为：类型 1 参数 1，类型 2 参数 2，…，即每个参数都必须独立说明其类型。即使类型相同的参数，也必须独立说明。

答案：错误行：int my_cmp(char * s, * t)

　　　　修改为：int my_cmp(char * s, char * t)，其中，int 可省略。

5．程序设计题

（1）编写程序，通过函数调用方式计算 $y = |x|$。

方法一：

```
float absx(float x)
{ if(x<0) x=-x;
  return x;
}
```

方法二：

```
float absx(float x)
{ float y;
  if(x<0) y=-x; else y=x;
  return y;
}
```

方法三：

```
float absx(float x)
{ return x>0?x:-x;
}
```

主函数如下：

```
#include "stdio.h"
main()
{ float a,b;
  scanf("%f",&a);
  b=absx(a);
  printf("%f\n",b);
}
```

（2）编写程序，通过函数调用方式判断一个数是否为素数。

方法一：

```
int isprim(int m)
{ int i;
  for(i=2;i<m;i++)     /*用 2 至 m-1 中的数去除 m,有一个数能整除 m,m 就不是素数 */
    if(m%i==0) return 0;
  return 1;
}
```

方法二：

```
int isprim(int m)
{ int i;
  for(i=2;i<=m/2;i++)              /*能除尽 m 的整数不会超过 m 的一半*/
    if(m%i==0) return 0;
  return 1;
}
```

方法三：

```
#include "math.h"
int isprim(int m)
{ int i;
  for(i=2;i<=sqrt(m);i++)         /*能除尽 m 的整数不会超过 m 的平方根*/
    if(m%i==0) return 0;
  return 1;
}
```

主函数如下：

```
#include "stdio.h"
main()
{ int a,b;
  scanf("%d",&a);
  b=isprim(a);
  if(b) puts("Yes!");
  else puts("No!");
}
```

(3) 编写程序,通过函数调用方式计算字符串的长度。

方法一：

```
int length(char s[])
{ int i;
  for(i=0;s[i]!='\0';i++);        /*末尾的分号一定要加!表明循环体是空的*/
  return i;
}
```

方法二(用递归方法实现)：

```
int length(char * s)
{ int len;
  if(* s=='\0') len=0;            /*空串长度为 0*/
  else len=1+length(s+1);        /*非空串长度至少为 1,s+1 代表后继串地址*/
  return len;
}
```

方法三(方法二的简化):

```
intlength(char * s)
{ if(* s=='\0')   return 0;        /*空串长度为 0 */
  else return 1+length(s+1);       /*非空串长度至少为 1,s+1 代表后继串地址 */
}
```

主函数如下:

```
#include "stdio.h"
main()
{ char str[80];
  gets(str);
  printf("Len=%d\n",length(str));
}
```

(4) 编写程序,通过函数调用方式删除字符串中的非英义字符。

方法一:

```
void delno(char s[])
{ char * p,* q;
  p=q=s;
  while(* q)
    if(* q>='A'&& * q<='Z'||* q>='a'&& * q<='z') * p++= * q++;
    else q++;
  * p='\0';
}
```

方法二:

```
#include "ctype.h"
void delno(char s[])
{ char * p=s,* q=s;
  while(* q)
    if(isalpha(* q)) * p++= * q++;   /* isalpha 是判断一个字符是否是字母的函数 */
    else   q++;
  * p='\0';
}
```

方法三(用下标实现):

```
#include "ctype.h"
void delno(char s[])
{ int i=0,j=0;
  while(s[j]!='\0')
    if(isalpha(s[j]))  s[i++]=s[j++];
    else j++;
  s[i]='\0';
}
```

主函数如下：

```
#include "stdio.h"
main()
{ char str[80];
  gets(str);
  delno(str);
  puts(str);
}
```

(5) 编写程序,通过函数调用方式将 n×n 阶矩阵转置。

方法一：

```
#define N 4
void revArray(int a[][N])
{ int i,j,t;
  for(i=1;i<N;i++)          /* 扫描下三角,将其中的每个元素与上三角中对应的元素交换 */
    for(j=0;j<i;j++)
    { t=a[i][j];a[i][j]=a[j][i];a[j][i]=t; }
}
```

方法二：

```
#define N 4
void revArray(int a[][N])
{ int i,j,t;
  for(i=0;i<N-1;i++)        /* 扫描上三角,将每个元素与下三角中对应的元素交换 */
    for(j=i+1;j<N;j++)
    { t=a[i][j];a[i][j]=a[j][i];a[j][i]=t; }
}
```

主函数如下：

```
#include "stdio.h"
main()
{ int a[N][N],i,j;
  for(i=0;i<N;i++)
    for(j=0;j<N;j++)
      scanf("%d",a[i]+j);
  revArray(a);
  for(i=0;i<N;i++)
  { for(j=0;j<N;j++)
      printf("%5d",a[i][j]);
    printf("\n");
  }
}
```

（6）编写程序，通过函数调用方式将一个整数逆置。如：123 逆置后为 321。
方法一：

```
int reva(int a)
{ int b=0;
  while(a)
  { b=b*10+a%10;a/=10;}
  return b;
}
```

方法二（递归法）：

```
int reva(int a)
{ static int b=0;
  if(a){ b=b*10+a%10; reva(a/10);}
  return b;
}
```

主函数如下：

```
#include "stdio.h"
main()
{ int m,n;
  scanf("%d",&m);
  n=reva(m);
  printf("%d\n",n);
}
```

（7）编写程序，通过函数调用方式统计字符串中各个数字字符出现的次数。
方法一：

```
#include "ctype.h"
void countd(char s[],int d[])
{ int i;char * p=s;
  for(i=0;i<10;i++)  d[i]=0;
  while(*p)
  { if(isdigit(*p))        /* isdigit()是判断一个字符是否是数字字符的函数 */
      d[*p-'0']++;
    p++;
  }
}
```

方法二：

```
void countd(char s[],int d[])
{ int i;char * p;
  for(i=0;i<10;i++)  d[i]=0;
  p=s;
```

```
    while(*p)
    { if(*p>='0'&&*p<='9') d[*p-'0']++;
      p++;
    }
}
```

主函数

```
#include "stdio.h"
main()
{ char str[80]; int a[10],i;
  gets(str);
  countd(str,a);
  for(i=0;i<10;i++)
    printf("%d-->%d\n",i,a[i]);
}
```

(8) 编写程序,通过函数调用方式计算 n×n 阶矩阵中各行的最小数之和。

```
#include "stdio.h"
#define N 4
int addn(int a[][N])
{ int i,j,min,s=0;
  for(i=0;i<N;i++)
  { min=a[i][0];
    for(j=1;j<N;j++)
      if(min>a[i][j]) min=a[i][j];
    s+=min;
  }
  return s;
}
main()
{ int a[N][N],i,j,sum;
  for(i=0;i<N;i++)
    for(j=0;j<N;j++)
      scanf("%d",a[i]+j);    /*也可以用 &a[i][j] 或 *(a+i)+j*/
  sum=addn(a);
  printf("Mins=%d\n",sum);
}
```

(9) 编写程序,通过函数调用方式输出 100 到 999 之间的回文数。所谓的"回文数"是指这个数逆置后不变。如:121 就是回文数。

```
#include "stdio.h"
void prnhw()
{ int i;
  for(i=100;i<1000;i++)
```

```
    if(i/100==i%10)
      printf("%5d",i);
}
main()
{ prnhw();}
```

可将该题扩充为：输出任意正整数 m 至 n 之间的所有回文数。

```
#include "stdio.h"
int ishw(long a)                    /* 判断一个整数是否是回文数 */
{ long x=a,y=0;
  while(x)                          /* 将该整数逆置后若与原数相同,则原数是回文数,否则不是 */
  { y=y*10+x%10; x/=10;}
  if(a==y)  return 1;
  else return 0;
}
void prnhw(long m,long n)           /* 输出任意两个正整数之间的所有回文数 */
{ long i,t;
  if(m>n)
  { t=m;m=n;n=t;}
  for(i=m;i<=n;i++)
    if(ishw(i))  printf("%ld\t",i);
}
main()
{ int m,n;
  scanf("%d%d",&m,&n);
  prnhw(m,n);
}
```

(10) 编写程序,通过函数调用方式将一个十制数转换成相应的二进制数。

方法一：

```
void dtob(int d,int b[],int *n)   /* 将结果存入数组 b 中,并记录存入的元素个数 */
{ int i,j,t;
  *n=0;
  while(d)
  { b[(*n)++]=d%2;
    d/=2;
  }
  i=0;j=*n-1;                      /* 存入数组中的二进制数是颠倒的,再逆置过来 */
  while(i<j)
  { t=b[i]; b[i]=b[j]; b[j]=t;
    i++; j--;
  }
}
```

方法二(递归法):

```
void dtob(int d,int b[],int * n)
{ if(d)
  { dtob(d/2,b,n);
    b[(* n)++]=d%2;              /* * n 的初值要在主调函数中给定 */
  }
}
```

方法三(递归法,直接输出):

```
void dtob(int d)
{ if(d)
  { dtob(d/2);
    printf("%d",d%2);
  }
}
```

主函数如下:

```
#include "stdio.h"
main()
{ int a,b[16],i,j=0;
  scanf("%d",&a);
  dtob(a,b,&j);              /* 使用方法三时,用"dtob(a);",并删除下面的循环程序段 */
  for(i=0;i<j;i++)
    printf("%d",b[i]);
  printf("\n");
}
```

(11) 编写程序,通过函数调用方式统计一个英文句子中最长的单词的字符数。

```
#include "stdio.h"
int chanum(char * s)
{ char * p; int len=0,n;
  p=s;
  while(* p)
  { while(* p&& * p==' ') p++;
    n=0;
    while(* p&& * p!=' '){ n++; p++;}
    if(len<n) len=n;
  }
  return len;
}
main()
{ char str[80];
  gets(str);
```

```
    printf("Maxlen=%d\n",chanum(str));
}
```

(12) 编写程序,用递归法并通过函数调用方式将一个整数转换成字符串。例如:整
数 123 对应的字符串为"123"。

方法一:

```
#include "string.h"
void  dtos(int d, char s[])
{ int i=0,j; char c;
  while(d)
  { s[i++]=d%10+'0';d/=10;}
  s[i]='\0';
  i=0;j=strlen(s)-1;
  while(i<j){ c=s[i];s[i]=s[j];s[j]=c;i++,j--;}
}
```

方法二(递归法):

```
void dtos(int d, char * s)
{ static int i=0;
  if(d)
  { dtos(d/10,s);s[i++]=d%10+'0';}
  s[i]='\0';
}
```

主函数如下:

```
#include "stdio.h"
main()
{ int m; char str[80];
  scanf("%d",&m);
  dtos(m,str);
  puts(str);
}
```

(13) 编写程序,用递归法并通过函数调用方式将整型数组 a 中的前 n 个元素逆置。

```
#include "stdio.h"
void revert(int a[],int n)
{ int t;
  if(n>1)
  { t=a[0];a[0]=a[n-1];a[n-1]=t; revert(a+1,n-2);}
}
#define N 10
main()
{ int aa[N],i,k;
```

```
    printf("Input %d integers:",N);
    for(i=0;i<N;i++) scanf("%d",aa+i);
    printf("Input k(0-%d):",N);
    scanf("%d",&k);
    revert(aa,k);
    for(i=0;i<N;i++) printf("%5d",aa[i]);
    printf("\n");
}
```

(14) 编写程序,通过函数调用方式将 n×m 矩阵按行逆置。

```
#include "stdio.h"
#define N 3
#define M 5
void reva(int a[][M])
{ int i,j,k,t;
  for(k=0;k<N;k++)
  { i=0; j=M-1;
    while(i<j)
    { t=a[k][i];a[k][i]=a[k][j];a[k][j]=t;i++;j--;}
  }
}
main()
{ int a[N][M],i,j;
  for(i=0;i<N;i++)
    for(j=0;j<M;j++)
      scanf("%d",a[i]+j);
  reva(a);
  for(i=0;i<N;i++)
  { for(j=0;j<M;j++)
      printf("%5d",a[i][j]);
    printf("\n");
  }
}
```

(15) 编写程序,通过函数调用方式将 n×m 矩阵中满足下列条件的数及所在的行标和列标输出。该数是所在行的最小值,又是所在列的最大值。

```
#include "stdio.h"
#define N 3
#define M 5
int v=-1,m=-1,n=-1;
int andian(int a[N][M])
{ int i,j;
  for(i=0;i<N;i++)
  { v=a[i][0];
```

```
m=i;n=0;
    for(j=1;j<M;j++)
      if(v>a[i][j]){ v=a[i][j];n=j;}
    for(j=0;j<N;j++)
      if(v<a[j][n]) break;
    if(j>=N) return v;
  }
  return -1;
}
main()
{ int a[N][M],i,j,k;
  for(i=0;i<N;i++)
    for(j=0;j<M;j++)
      scanf("%d",a[i]+j);
  k=andian(a);
  printf("v=%d,m=%d,n=%d\n",k,m,n);
}
```

5.7 自测试题参考答案

1. 单项选择题

(1) C　　(2) B　　(3) C　　(4) A　　(5) C　　(6) D　　(7) A

(8) B　　(9) B　　(10) D

2. 程序填空题

(1) ① 10　　　　　　　　　　　② x

(2) ③ j++(或++j,或j+=1,或j=j+1)　④ s[i]=t1[i]　　⑤ k+i

(3) ⑥ [N]　　　　　　　　　　⑦ j　　　　　　⑧ j

(4) ⑨ k　　　　　　　　　　　⑩ ss[i]

3. 程序分析题

(1) gfedcba　　(2) 7531　　(3) 4,3,7　　(4) 9　　(5) 203

4. 程序设计题

(1)

```
#include <stdio.h>
jsValue(float * pjz1,float * pjz2)
{ int i,gw,sw,bw,qw,cnt=0,cnt2=0;
  * pjz1=0; * pjz2=0;
  for(i=1000;i<=9999;i++)
  { gw=i%10;sw=i/10%10;bw=i/100%10;qw=i/1000;
    if((qw+gw)==(sw+bw)){ cnt++; * pjz1+=i;}
    else { cnt2++; * pjz2+=i; }
```

```
  }
  if(cnt==0) pjz1=0; else * pjz1/=cnt;
  if(cnt2==0) pjz2=0;else * pjz2/=cnt2;
  return cnt;
}
main()
{ int cnt;
  float pjz1,pjz2;
  cnt=jsValue(&pjz1,&pjz2);
  printf("cnt=%d\n pzj1=%7.2f\n pzj2=%7.2f\n",cnt,pjz1,pjz2);
}
```

(2)

```
#include <stdio.h>
#include <string.h>
#define   M   5
#define   N   20
int fun(char (* ss)[N],int * n)
{ int i,k=0,len=N;
  for(i=0;i<M;i++)
  { len=strlen(ss[i]);
    if(i==0)  * n=len;
    if(len< * n){ * n=len;k=i;}
  }
  return k;
}
main()
{ char  ss[M][N]={"shanghai","guangzhou","beijing","tianjing","chongqing"};
  int  n,k,i;
  printf("\nThe original strings are :\n");
  for(i=0;i<M;i++) puts(ss[i]);
  k=fun(ss,&n);
  printf("\nThe length of shortest string is :  %d\n",n);
  printf("\nThe shortest string is :  %s\n",ss[k]);
}
```

(3)

```
#include   <stdio.h>
#include   <math.h>
double fun(double  x)
{ double  f, t; int  n;
  f=1.0+x;t=x; n=1;
  do
  { n++;t * = (-1.0) * x/n;f+=t;}while(fabs(t)>=1e-6);
```

```
    return  f;
}
main()
{ double x, y;
  x=2.5;
  y=fun(x);
  printf("\nThe result is :\n");
  printf("x=%-12.6f y=%-12.6f\n", x, y);
}
```

(4)

```
#include <stdio.h>
#include <string.h>
void fun(char * s, char * t1, char * t2, char * w)
{ int i;char * p, * r, * a;
  strcpy(w,s);
  while(* w)
  { p=w;r=t1;
    while(* r)
     if(* r== * p){ r++;p++; }
     else break;
    if(* r=='\0') a=w;
    w++;
  }
  r=t2;
  while(* r){ * a= * r; a++; i++; }
}
```

5.8 实验题目参考答案

(1)
① 数组元素作为函数参数

```
#include <stdio.h>
int fun(int x,int y)
{ if(x>y) return 1;
  if(x==y) return 0;
  return -1;
}
#define N 10
main()
{ int a[N],b[N],i,large,equal,small,flag;
  large=equal=small=0;
  printf("Input array a:\n");
  for(i=0;i<N;i++) scanf("%d",a+i);
```

```
    printf("Input array b:\n");
    for(i=0;i<N;i++) scanf("%d",b+i);
    for(i=0;i<N;i++)
    { flag=fun(a[i],b[i]);
      if(flag==1) large++;
      else if(flag==0) equal++;
      else small++;
    }
    printf("a[i]>b[i]: %d\na[i]=b[i]: %d\na[i]<b[i]: %d\n",large,equal,small);
}
```

② 数组名作为函数参数

```
#include <stdio.h>
int fun(int a[],int b[],int n,int * x,int * y,int * z)
{ int i;
  * x= * y= * z=0;
  for(i=0;i<n;i++)
    if(a[i]>b[i]) (* x)++;
    else if(a[i]==b[i]) (* y)++;
        else (* z)++;
}
#define N 10
main()
{ int a[N],b[N],i,large,equal,small;
  printf("Input array a:\n");
  for(i=0;i<N;i++) scanf("%d",a+i);
  printf("Input array b:\n");
  for(i=0;i<N;i++) scanf("%d",b+i);
  fun(a,b,N,&large,&equal,&small);
  printf("a[i]>b[i]: %d\na[i]=b[i]: %d\na[i]<b[i]: %d\n",large,equal,small);
}
```

③ 指针变量作为函数参数

```
#include <stdio.h>
int fun(int * a,int * b,int n,int * x,int * y,int * z)
{ int * p, * q;
  * x= * y= * z=0;
  for(p=a,q=b;p<a+n;p++,q++)
    if(* p> * q) (* x)++;
    else if(* p== * q) (* y)++;
        else (* z)++;
}
#define N 10
main()
```

```
{ int a[N],b[N],i,large,equal,small;
  printf("Input array a:\n");
  for(i=0;i<N;i++) scanf("%d",a+i);
  printf("Input array b:\n");
  for(i=0;i<N;i++) scanf("%d",b+i);
  fun(a,b,N,&large,&equal,&small);
  printf("a[i]>b[i]: %d\na[i]=b[i]: %d\na[i]<b[i]: %d\n",large,equal,small);
}
```

(2)

```
#include <stdio.h>
void max(int a[][5])                        /* 找出最大值存入数组的下标(2,2)中 */
{ int i,j,mi,mj,t;
  mi=mj=2;
  for(i=0;i<5;i++)
    for(j=0;j<5;j++)
      if(a[i][j]>a[mi][mj]){ mi=i;mj=j;}
  if(mi!=2||mj!=2)
  { t=a[mi][mj];a[mi][mj]=a[2][2];a[2][2]=t;}
}
int exist(int b[4][2],int i,int j,int n)    /* 判断i,j是否在角点下标数组中 */
{ int k;
  for(k=0;k<n;k++)                          /* n记录已存入b中的下标个数 */
    if(i==b[k][0]&&j==b[k][1]) return 1;
  return 0;
}
void fourmin(int a[][5])
{ int b[4][2]={{0,0},{0,4},{4,0},{4,4}};    /* 记录4个角点下标的数组 */
  int i,j,k,n=0,mi,mj,t,p,q;
  for(k=1;k<=4;k++)
  { p=mi=b[n][0];                           /* p,q记录当前最小值的下标 */
    q=mj=b[n][1];                           /* mi,mj记录存入最小值的下标 */
    for(i=0;i<5;i++)
      for(j=0;j<5;j++)
        if(!exist(b,i,j,n)&&a[i][j]<a[p][q]){ p=i;q=j;}
    if(p!=mi||q!=mj)
    { t=a[mi][mj];a[mi][mj]=a[p][q];a[p][q]=t;}
    n++;
  }
}
main()
{ int a[5][5],i,j;
  for(i=0;i<5;i++)
    for(j=0;j<5;j++)
```

```
      scanf("%d",a[i]+j);
   max(a);
   fourmin(a);
   printf("Result\n");
   for(i=0;i<5;i++)
   { for(j=0;j<5;j++)
      printf("%5d",a[i][j]);
    printf("\n");
   }
}
```

(3)

```
#include <stdio.h>
long p(int i)
{ int j; long s=1;
  for(j=2;j<=i;j++)   s*=j;
  return s;
}
long s(int n)
{ int i; long sum=0;
  for(i=1;i<=n;i++)   sum+=p(i);
  return sum;
}
double f(int x,int y)
{ return(double)s(x)/s(y);}
main()
{ int a,b;
  scanf("%d%d",&a,&b);
  printf("Result: %f\n",f(a,b));
}
```

(4)

```
#include <stdio.h>
int age(int n)
{ if(n==1) return 10;
  else return age(n-1)+2;
}
main()
{ int n;
  scanf("%d",&n);
  printf("Age n: %d\n",age(n));
}
```

(5)

```c
#include <stdio.h>
int isPrime(int number)
{ int i,tag=1;
  for(i=2;tag&&i<=number/2;i++)
   if(number%i==0) tag=0;
  return tag;
}
int countValue(int * sum)
{ int i,cnt=0;
  * sum=0;
  for(i=2;i<=90;i++)
   if(isPrime(i)&&isPrime(i+4)&&isPrime(i+10))
   { cnt++; * sum+=i;}
  return cnt;
}
main()
{ int cnt,sum;
  cnt=countValue(&sum);
  printf("cnt=%d\n",cnt);
  printf("sum=%d\n",sum);
}
```

(6)

① 使用全局变量

```c
#include <stdio.h>
#define N 4
int max,mai,maj;
int min,mii,mij;
void maxmin(int a[][N])
{ int i,j;
  max=min=a[0][0];
  mai=maj=mii=mij=0;
  for(i=0;i<N;i++)
    for(j=0;j<N;j++)
    { if(a[i][j]>max){ max=a[i][j]; mai=i;maj=j;}
      if(a[i][j]<min){ min=a[i][j]; mii=i;mij=j;}
    }
}
main()
{ int a[N][N],i,j;
  for(i=0;i<N;i++)
    for(j=0;j<N;j++)
```

```
      scanf("%d",a[i]+j);
   maxmin(a);
   printf("Max=%d, at(%d,%d)\n",max,mai,maj);
   printf("Min=%d, at(%d,%d)\n",min,mii,mij);
}
```

② 使用指针作为函数参数

```
#include <stdio.h>
#define N 4
void maxmin(int(*a)[N],int *max,int *mai,int *maj,int *min,int *mii,int *mij)
{ int i,j;
  *max=*min=a[0][0];
  *mai=*maj=*mii=*mij=0;
  for(i=0;i<N;i++)
    for(j=0;j<N;j++)
    { if(a[i][j]>*max){ *max=a[i][j]; *mai=i; *maj=j;}
      if(a[i][j]<*min){ *min=a[i][j]; *mii=i; *mij=j;}
    }
}
main()
{ int a[N][N],i,j,max,mai,maj,min,mii,mij;
  for(i=0;i<N;i++)
    for(j=0;j<N;j++)
      scanf("%d",a[i]+j);
  maxmin(a,&max,&mai,&maj,&min,&mii,&mij);
  printf("Max=%d, at(%d,%d)\n",max,mai,maj);
  printf("Min=%d, at(%d,%d)\n",min,mii,mij);
}
```

(7)

```
#include  <stdio.h>
#define   N   3
int fun(int(*a)[N])
{ int i,j,m1,m2,row,colum;
  m1=m2=0;
  for(i=0;i<N; i++)
  { j=N-i-1;m1+=a[i][i];m2+=a[i][j];}
  if(m1!=m2) return 0;
  for(i=0;i<N;i++)
  { row=colum=0;
    for(j=0;j<N;j++)
    { row+=a[i][j];colum+=a[j][i];}
      if((row!=colum)||(row!=m1)) return 0;
```

```
    }
    return 1;
}
main()
{ int   x[N][N],i,j;
  printf("Enter number for array:\n");
  for(i=0; i<N; i++)
    for(j=0; j<N; j++)  scanf("%d",&x[i][j]);
  printf("Array:\n");
  for(i=0; i<N; i++)
  { for(j=0; j<N; j++)  printf("%3d",x[i][j]);
    printf("\n");
  }
  if(fun(x))  printf("The Array is a magic square.\n");
  else printf("The Array isn't a magic square.\n");
}
```

(8)

```
#include <stdio.h>
double fun(int i)
{ static int j=1;
  j*=i;
  return(double)(i+1)/j;
}
main()
{ int n=1; double t,sum=0;
  while((t=fun(n))>=1e-6)
  { sum+=t;n++; }
  printf("Result: %f\n",sum);
}
```

(9)

```
/* file1.c:计算 a^b 函数所在的文件 */
static double ab(int a,int b)
{ int i; double s=1;
  for(i=1;i<=b;i++) s*=a;
  return s;
}
/* file2.c:主函数所在的文件 */
#include <stdio.h>
#include "file1.c"
main()
{ int a,b;
  scanf("%d%d",&a,&b);
```

```
    printf("%.0f\n",ab(a,b));
}
```

ab()为内部函数,必须用 static 加以说明。由于该函数只能用于定义它的文件,所以只能用文件包含来完成该题目。

(10)

```
/* file1.c:主函数所在的文件 */
#include <stdio.h>
#include "string.h"
main()
{ extern delete(char str[],char ch);
  char str[81],ch;
  gets(str);
  scanf("%c",&ch);
  delete(str,ch);
  puts(str);
}
/* file2.c:删除字符串中指定字符函数所在的文件 */
void delete(char str[],char ch)
{ int i,j;
  for(i=j=0;str[i];i++)
   if(str[i]!=ch) str[j++]=str[i];
  str[j]='\0';
}
/* file.prj:工程文件 */
file1.c
file2.c
```

5.9 思考题参考答案

(1) 答:函数定义是对函数功能的确立,包括指定函数名、函数值类型、形参及其类型、函数体等,它是一个完整的、独立的函数单位。函数说明的作用是把已定义的函数名字、函数类型以及形参的类型、个数和顺序通知编译系统,以便在调用该函数时系统按此进行对照检查。

(2) 答:虽然一个函数中可以有一个以上的 return 语句,但只有一个被执行,即一次函数调用,通过 return 语句只能得到一个返回值。通过一次函数调用得到多个值的方法有两种:一种是利用指针作为函数的参数,另一种是使用全局变量。

(3) 答:static 主要在三种场合使用:一是在局部变量之前,表明该变量是静态型局部变量,使该变量在静态存储区分配存储空间,函数调用结束后不释放存储单元,但变量只能在定义它的函数内引用;二是在全局变量之前,表明该变量是静态型全局变量,使该变量只能在定义它的文件中引用;三是在函数之前,表明该函数是内部函数,使该函数只能被定义它的文件中的函数调用。

(4) **答**：外部变量的定义只有一次，它的位置在所有函数之外；而一个文件中的外部变量的引用声明可以有多次，它的位置可以在函数之外，也可以在函数之内。系统分配存储单元是根据外部变量的定义，而不是根据外部变量的引用声明。对外部变量的初始化只能在定义时进行，而不能在引用声明中进行。外部变量引用声明的作用是声明该变量是一个已在其他位置定义的外部变量，仅仅是为了引用该变量而做的引用声明。

(5) **答**：一是使用工程文件，二是使用 ♯ include 命令。

第 **6** 章 结构体、共用体和枚举

CHAPTER

6.1 内容概述

本章主要介绍了结构体类型、结构体类型变量、结构体类型数组、结构体类型指针的定义及结构体变量成员的引用方法,链表的基本知识,共用体类型、共用体类型变量的定义和成员引用方法,枚举类型、枚举类型变量的定义和引用方法,结构体位段及用 typedef 定义类型。第 6 章知识结构如图 6.1 所示。

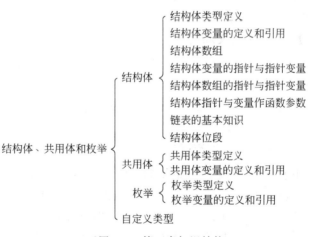

图 6.1   第 6 章知识结构

考核要求:掌握结构体类型的**结构**和特点,掌握结构体变量和结构体数组的定义、成员的引用**和初始化操作**,掌握指向结构体变量和指向结构体数组的指针,熟悉使用结构体变量以及结构体指针作为函数参数,掌握使用结构体指针处理链表的方法。掌握共用体的结构和特点,掌握共用体变量的定义和引用。掌握枚举的结构和特点。理解用 typedef 定义类型的意义。

重点难点:本章的重点是结构体类型、共用体类型、枚举类型的特点和定义,结构体类型变量、数组、指针变量的定义、初始化和成员引用方法,结

构体变量和指针变量作为函数参数,链表的结构特点和操作处理,共用体类型和枚举类型变量的定义和引用方法。本章的难点是嵌套的结构类型处理、链表操作和共用体的存储特性。

核心考点:结构体类型的定义方法,结构体类型变量、数组、指针变量的定义、初始化和成员引用方法,链表的处理操作,共用体类型和枚举类型的定义方法,共用体类型和枚举类型变量的定义和引用方法。

6.2 典型题分析

【例 6.1】 设有以下说明语句:

```
struct ex
{ int x ; float y; char z ;} example;
```

则下面叙述中不正确的是(   )。

A. struct 是结构体类型的关键字　　　　B. example 是结构体类型名

C. x、y、z 都是结构体成员名　　　　D. struct ex 是结构体类型

解析:struct 是结构体类型的关键字,struct ex 是结构体类型名,x、y、z 都是结构体成员名,example 是结构体类型变量。

答案:B

【例 6.2】 有以下定义和语句:

```
struct workers
{ int num;char name[20];char c;
  struct { int day; int month; int year; } s;
};
struct workers w, * pw=&w;
```

能给 w 中 year 成员赋 1980 的语句是(   )。

A. * pw. year＝1980;　　　　　　　B. w. year＝1980;

C. pw－＞year＝1980;　　　　　　　D. w. s. year＝1980;

解析:结构体类型可以嵌套定义。在引用嵌套定义的结构体成员时,必须从最外层开始逐层展开,展开时使用变量名。引用结构体变量的成员有如下三种方式:

```
结构体变量名.成员名
(*结构体指针变量名).成员名
结构体指针变量名->成员名
```

本题中,引用成员 year 有 w. s. year、pw－＞s. year 和(* pw). s. year 三种方式。四个选项中,只有选项 D 是正确的。

答案:D

【例 6.3】 设有定义:

```
struct complex
{ int real,unreal;} data1={1,8},data2;
```

则以下赋值语句中错误的是（　　）。

A. data2＝data1；　　　　　　　　　B. data2＝{2,6}；

C. data2.real＝data1.real；　　　　D. data2.real＝data1.unreal；

解析：类型相同的结构体变量之间可以赋值，相当于各成员分别赋值，故选项 A 正确。结构体变量中的成员在使用时与同类型的普通变量相同，故选项 C 和 D 正确。除初始化外，不能对结构体变量整体赋值，只能对各成员分别赋值，故选项 B 错误。

答案：B

【例 6.4】　有以下程序：

```
#include "stdio.h"
struct STU { char name[10]; int num;};
void f1(struct STU d)
{ struct STU a={"LiSiGuo",2042};
  d=a;
}
struct STU f2(struct STU d)
{ struct STU b={"LiuLiu",2044};
  d=b;
  rcturn d,
}
void f3(struct STU * d)
{ struct STU c={"SunDan",2046};
  * d=c;
}
main()
{ struct STU a={"YangSan",2041},b={"WangYin",2043};
  struct STU c={"LangLin",2045};
  f1(a);b=f2(b);f3(&c);
  printf("%d %d %d\n",a.num,b.num,c.num);
}
```

程序运行后的输出结果是（　　）。

A. 2041 2044 2046　　　　　　　　B. 2041 2043 2045

C. 2042 2044 2046　　　　　　　　D. 2042 2043 2045

解析：结构体变量和结构体指针都可以作为函数的参数，函数的返回值也可以是结构体类型数据。本题中，函数 f1() 的参数是结构体变量，由于 C 语言中的参数传递是单向值传递，形参值的改变不会影响实参，所以函数调用结束后实参 a 的值不变(2041)。函数 f2() 的参数也是结构体变量，虽然通过参数传递不能改变实参 b 的值，但函数有返回值并将返回值赋给实参 b，所以函数调用结束后实参 b 的值就是形参 d 的值(2044)。函数 f3() 的参数是结构体指针，指针作为函数参数时，实参和形参这两个量将指向同一个存储单元,在函数中对形参变量所指向内存单元的值的改变就相当于改变实参所指向的内存单元的值,所以函数调用结束后变量 c 的值就是形参 d 所指向内存单元的值(2046)。

答案:A

【例 6.5】 有以下程序:

```
#include<stdio.h>
struct STU { char name[10];int num;};
void f(char * name, int num)
{ struct STU s[2]={{"SunDan",20044},{"Penghua",20045}};
  num=s[0].num;strcpy(name, s[0].name);
}
main()
{ struct STU s[2]={{"YangSan",20041},{"LiSiGuo",20042}}, * p;
  p=s;p++; f(p->name, p->num);
  printf("%s %d\n", p->name, p->num);
}
```

程序运行后的输出结果是(　　)。

A. SunDan 20042   B. SunDan 20044

C. LiSiGuo 20042   D. YangSan 20041

解析:引用结构体类型数组元素成员有如下三种方式:

```
数组名[下标].成员名
(*结构体指针变量名).成员名
结构体指针变量名->成员名
```

本题中,函数的实参是结构体数组第二个元素的两个成员,由于成员 name 是指针,成员 num 是普通变量,所以,函数调用结束后,成员 name 所指向的内容被修改为"SunDan",成员 num 值不变(20042)。

答案:A

【例 6.6】 函数 fun()的功能是将存放在结构体数组中的学生数据按照姓名字典序(从小到大)排序。请在下画线处填入正确的内容使函数完整。

```
#include  <stdio.h>
#include  <string.h>
struct student
{ long   sno;                    /*学号*/
  char   name[10];               /*姓名*/
  float  score[3];               /*3门课成绩*/
};
void fun(struct student a[],int  n)
{ ___①___ t;
  int i,j;
  for(i=0;i< ___②___ ;i++)
```

```
    for(j=i+1;j<n;j++)
        if(strcmp(_____③_____)>0)
        { t=a[i]; a[i]=a[j]; a[j]=t;}
}
```

解析：本题使用的排序方法是简单选择排序。用简单选择排序法排序时，除了需要两个循环变量外，还需要一个用于交换元素值的中间变量，由于待排序元素是结构体型数据，所以第一个空应填 struct student。由于 n 个元素要进行 n−1 趟比较，所以第二个空应填 n−1。由于按姓名的字典序（从小到大）排序，所以应使用字符串比较函数 strcmp()，根据该函数的参数形式，第三个空应填 a[i]. name,a[j]. name。

答案：① struct student　② n−1　③ a[i]. name,a[j]. name

【例 6.7】　已知 h 是一个带头结点的单向链表，链表中的各结点按数据域值递增有序。函数 fun() 的功能是删除链表中数据域值相同的结点，使之保留一个。请在下画线处填入正确的内容使函数完整。

```
#include <stdio.h>
#include <stdlib.h>
#define N 8
struct list
{ int data; struct list * next;};
void fun(struct list * h)
{ struct list * p, * q;
  p=h->next;
  if(p!=NULL)
  { q=p->next;
    while(q!=NULL)
    { if(p->data==q->data)
      { p->next=q->next;
        free(_____①_____);
        q=_____②_____;
      }
      else
      { p=q;
        q=_____③_____;
      }
    }
  }
}
```

解析：程序中，删除链表数据域值相同结点的方法是：初始时，p 指向第一个结点，q 指向第二个结点。若 q 所指向结点数据域的值与 p 所指向结点数据域的值相等，则将 q 所指向的结点删除，释放 q 所指向的结点(free(q))，然后用 q 指向 p 所指向结点的下一个结点(q=p−>next)，否则 p 指向 q 所指向的结点(p=q)，q 指向当前结点的下一个结点

(q=q—>next)。如此重复,直到 q 为 NULL 为止。由此可知,第一个空应填 q,第二个空应填 p—>next,第三个空应填 q—>next。

答案:① q ② p—>next ③ q—>next

【例6.8】 已知 h 是一个带头结点的单向链表,链表中的各结点按数据域值递增有序。函数 fun()的功能是把形参 x 的值放入一个新结点并插入到链表中,插入后各结点仍保持递增有序。请在下画线处填入正确的内容使函数完整。

```
#include <stdio.h>
#include <stdlib.h>
struct list
{ int    data; struct list  * next;};
void fun(struct list * h,int x)
{ struct list * p, * q, * s;
  s=(struct list * )malloc(sizeof(struct list));
  s->data=_____①_____ ;
  q=h;
  p=h->next;
  while(p!=NULL && x>p->data)
  { q=_____②_____ ;
    p=p->next;
  }
  s->next=p;
  q->next=_____③_____ ;
}
```

解析:程序中,插入数据域值为 x 的结点的方法是:先建立数据域值为 x 的新结点并由 s 指向它,然后在链表中查找插入位置。寻找插入位置的方法是:初始时,q 指向头结点,p 指向第一个结点。若 p!=NULL 且 x>p—>data,则 q 指向 p 所指向的结点(q=p),p 指向当前结点的下一个结点(p=p—>next)。如此重复,直到 p==NULL 或 x≤p—>data 为止。最后将 s 指向节点插入到 q 所指向结点的后面,具体插入操作是 s—>next=p;q—>next=s;。

答案:① x ② p ③ s

【例6.9】 以下对变量的定义中错误的是(   )。

A. 定义整型变量 a 和 b
   typedef int INTEGER;
   INTEGER a;
   int b;

B. 定义整型变量 a 和 b
   #define INTEGER int
   INTEGER a,b;

C. 定义字符型指针变量 a 和 b
   typedefchar * cp;
   cp * a, * b;

D. 定义结构体变量 a 和 b
   typedef struct
   { int x,y;} st;
   st a,b;

解析：typedef 的作用是说明一个已存在的数据类型的别名,其一般形式为:

typedef 原类型名 新类型名

本题中,选项 A 中定义的类型别名只是原类型的一种补充,它们可以同时使用。选项 B 中使用宏定义命令♯define"规定"类型,但与 typedef 有着本质的区别。♯define 是在预编译前处理的,它只作简单的字符串替换;而 typedef 是在编译时处理的,采用同定义变量的方法声明一个类型。选项 C 中的 cp 本身是指向字符数据的指针类型,变量 a 和 b 前的 * 号应该删除,否则 a 和 b 是指向字符指针的指针变量。选项 D 中的类型定义省去了后续程序中书写长结构体类型名的麻烦。

答案:C

【例 6.10】 下列定义中正确的是(　　)。

A. struct
 { int a;
  float b;
  unsigned c:2;
  unsigned d:3;
  char e[5];
 };

B. struct s
 { unsigned a:3;
  unsigned b:4;
 }a;
 unsigned * p=&a.a;

C. struct s
 { int a;
  float b:4;
 } c={1,1.0};
 float d=y.b;

D. struct s
 { unsigned a,b:3;
  unsigned c[2]:2;
 };

解析:选项 A 的结构体定义中,混合使用了普通成员和位段成员,是合法的定义形式。选项 B 是错误的,因为一个位段成员通常无独立的存储单元,所以取位段成员的地址属非法运算。结构体变量 a 与结构体成员 a 同名是合法的,变量 a 和成员 a 处于不同的层次上,系统完全能够分清,引用成员 a 的方法仍是 a.a。选项 C 是错误的,因为位段成员的数据类型只能是无符号整型,其他类型是非法的。选项 D 是错误的,因为位段成员不能是数组。

答案:A

【例 6.11】 对于下面的定义,不正确的叙述是(　　)。

union data
{ char c;short int i;float f;}a;

A. 变量 a 所占内存的长度等于成员 f 的长度

B. 变量 a 的地址与它的各成员的地址相同

C. 不可以在定义时对 a 初始化

D. 可以用常量给变量 a 赋值

解析:共用体变量的成员在内存中占用同一存储单元,共用体变量的地址和它的各成员的地址相同,共用体变量所占内存长度等于最长的成员的长度。不能对共用体变量进行初始化,也不能用常量对共用体变量赋值。

答案:D

【例 6.12】 下列程序运行后的输出结果是(   )。

```c
#include "stdio.h"
union un
{ short int i; char c[2];};
main()
{ union un x;
  x.c[0]=10; x.c[1]=1;
  printf("%hd\n",x.i);
}
```

A. 266   B. 11   C. 265   D. 138

解析:共用体变量成员的引用方式与结构体变量成员的引用方式相同,也要引用到最底层的成员。其一般形式为:

共用体类型变量名.成员变量名[.成员变量名.…]

本题中,成员 i 和 c 共用两个字节的存储单元,c[0]位于低字节,c[1]位于高字节,因此,$x.i=x.c[1] \times 256 + c[0] = 1 \times 256 + 10 = 266$。

答案:A

【例 6.13】 以下程序用以读入两个学生的信息,每个学生的信息包括姓名、学号和性别。若为男生,则还登记视力正常与否(正常为 Y,不正常为 N);若为女生,则还登记身高和体重。请在下画线处填入正确的内容使程序完整。

```c
#include "stdio.h"
struct student
{ char name[10];                    /* 姓名 */
  int   num;                        /* 学号 */
  char sex;                         /* 性别 */
  union
  { char eye;                       /* 视力 */
    struct { int high,weight;} f;   /* 身高和体重 */
  }body;
} person[2];
main()
{ int i;
  for(i=0;i<2;i++)
  { scanf("%s%d%c",person[i].name,&person[i].num,&person[i].sex);
    if(person[i].sex=='m'||person[i].sex=='M')
      scanf("%c",_____①_____);
    else if(person[i].sex=='f'||person[i].sex=='F')
        scanf("%d%d",_____②_____,_____③_____);
```

```
    else printf("input error\n");
  }
}
```

　　解析：结构体类型本身可以嵌套定义,共用体类型本身可以嵌套定义,结构体类型与共用体类型之间也可以嵌套定义。可以定义结构体数组,也可以定义共用体数组,数组元素成员引用与同类型变量相同,成员的使用也与同类型的变量相同。

　　本题中,对成员 eye 的引用形式为 person[i]. body. eye,对成员 high 和 weight 的引用形式分别为 person[i]. body. f. high 和 person[i]. body. f. weight。在引用形式前分别加上取地址运算符"&"即为所填写的内容。

　　答案：① &person[i]. body. eye

　　　　　② &person[i]. body. f. high

　　　　　③ &person[i]. body. f. weight

　　【例 6.14】　以下对枚举型的定义中正确的是(　　　)。

　　A　enum a─{sum,mon,tue};　　　　　B. enum a{sum=9,mon=1,tue};

　　C. enum a={"sum","mon","tue"};　　　D. enum a {"sum","mon","tue"};

　　解析：枚举类型定义的一般格式为:

```
enum 枚举类型名
{枚举常量 1[=序号 1],枚举常量 2[=序号 2],…,枚举常量 n[=序号 n]};
```

　　其中,枚举常量是一种符号常量,也称为枚举元素,要符合标识符的取名规则。序号是枚举常量对应的整数值,可以省略,省略时则按系统规定处理。

　　答案：B

　　【例 6.15】　以下程序实现对输入的两个整型数进行判断。若 0≤x<y≤100,则计算并输出两个数的平方和,否则打印出相应的错误信息并继续读数,直到输入正确为止。请在下画线处填入正确的内容使程序完整。

```
#include "stdio.h"
enum ErrorData {Right,Less0,Great100,MinMaxErr};
char * ErrorMessage[]={"Enter Data Right","Data<0 Error","Data>100 Error",
                    "x>y Error"};
error(int min,int max)
{ if(max<min)return MinMaxErr;
  else if(max>100)return Great100;
      else if(min<0)return Less0;
          else return ____①____;
}
main()
{ int status,x,y;
  do
  { printf("Please Enter Two Integer Number:(x,y)");
    scanf("%d%d",&x,&y);
```

```
    status=____②____;
    printf(ErrorMessage[____③____]);
}while(status!=Right);
printf("Result=%d",x*x+y*y);
}
```

解析：程序中的枚举类型 enum ErrorData 定义了各种出错情况，为了输出相应的信息，又定义了描述错误信息的字符指针数组 ErrorMessage。函数 error()判断 x 和 y 是否满足题目要求的条件，代码中包含了三种不满足条件的情况，只缺少满足条件的情况，故第一个空应填 Right。在主函数 main()的循环体中，先输入变量 x 和 y 的值，然后通过函数调用得到其对应的情况，故第二个空应填 error(x,y)。判断后，输出相应的信息，第三个空应填 status。

虽然函数 error 中的 return 语句带回的是枚举值，但实质上使用的是它们的序号。

答案：① Right　② error(x,y)　③ status

【例 6.16】　编写程序，输入三个学生的学号、数学期中成绩和期末成绩，然后计算其平均成绩并输出成绩表。

解析：使用结构体数组存储数据，结构体成员包括学号、数学期中成绩、数学期末成绩和平均成绩。从键盘输入数据，同时计算平均成绩，最后输出成绩。

```
#include "stdio.h"
struct stu
{ int num;float mid,end,ave;}s[3];
main()
{ int i;
  struct stu * p;
  for(p=s;p<s+3;p++)
  { scanf("%d%f%f",&p->num,&p->mid,&p->end);        /* 输入数据 */
    p->ave=(p->mid+p->end)/2;                        /* 计算平均成绩 */
  }
  for(p=s;p<s+3;p++)                                 /* 输出成绩表 */
    printf("%6d%6.2f%6.2f%6.2f\n",p->num,p->mid,p->end,p->ave);
}
```

【例 6.17】　已知 h 是一个带头结点的非空单链表，结点结构为：
struct link { int data;struct link * next;}
编写函数 fmax，其功能是求出链表中数据域值最大的结点，函数的返回值是指向数据域值最大结点的指针。

解析：用 s 指向数据域值最大的结点。初始时，s 指向第一个结点，然后从第二个结点开始，依次用各结点数据域值与 s 所指向结点数据域值比较。若 s 所指向结点数据域值小，则更新 s。

```
struct link * fmax(struct link * h)
{ struct link *p, * s;
```

```
    s=h->next;                              /* s 指向第一个结点,初始最大值结点 */
    p=s->next;                              /* p 指向第二个结点 */
    while(p)
    { if(p->data>s->data) s=p;              /* s 所指向结点的数据域值小,更新 s */
      p=p->next;                            /* p 指向下一个结点 */
    }
    returns;                                /* 返回数据域值最大结点的指针 */
}
```

【例 6.18】 现有铅笔和圆珠笔若干支。铅笔的属性有品名、数量、价格和类别,其中,类别包含笔芯为 0.3mm、0.5mm 和 0.7mm 三种。圆珠笔属性有品名、数量、价格和类别,其中,类别包含红色、蓝色和黑色三种。编写程序,计算各种不同类别铅笔和圆珠笔的总金额,以及所有铅笔和圆珠笔的总金额。

解析：铅笔和圆珠笔的属性用结构体类型描述,铅笔和圆珠笔的类别用共用体类型描述,不同类别选取用枚举型描述。每一类别的总金额＝单价×数量,所有铅笔和圆珠笔总金额为各类别总金额之和。

```
#include "stdio.h"
enum pencil {point3,point5,point7};     /* 铅笔的类别 */
enum bollar_pen {red,black,blue};       /* 圆珠笔的类别 */
union sort                              /* 笔的类别 */
{ enum pencil p;                        /* 铅笔 */
  enum bollar_pen b;                    /* 圆珠笔 */
};
struct pen                             /* 笔的属性 */
{ char name[20];                        /* 品名 */
  int quantity;                         /* 数量 */
  float price;                          /* 价格 */
  union sort s;                         /* 类别 */
};
struct pen p[6]={{"pencil",10,1.8,point7},
                {"bollar_pen",5,2.8,black},
                {"pencil",8,1.5,point5},
                {"pencil",5,2.8,point3},
                {"bollar_pen",15,2.5,blue},
                {"bollar_pen",20,2.4,red}};
main()
{ int i;float sum=0;
  for(i=0;i<6;i++)
  { printf("%s\t%d\t%.2f\n",p[i].name,p[i].s,p[i].quantity*p[i].price);
    sum+=p[i].quantity*p[i].price;
  }
  printf("total=%.2f",sum);
}
```

6.3 自测试题

1. 单项选择题

(1) 下面对结构体类型变量 a 的定义中,错误的是(   )。

    A. struct ord { int x;int y;int z;};struct ord a;

    B. struct ord { int x;int y;int z;} struct ord a;

    C. struct ord { int x;int y;int z;} a;

    D. struct { int x;int y;int z;} a;

(2) 设有定义:struct {char mark[2];int num1;double num2;} t1,t2;,若变量均已正确赋初值,则以下语句中错误的是(   )。

    A. t1=t2;   B. t2.num1=t1.num1;

    C. t2.mark=t1.mark;   D. t2.num2=t1.num2;

(3) 有以下程序:

```
#include<stdio.h>
struct ord
{ int x,y;} dt[2]={1,2,3,4};
main()
{ struct ord * p=dt;
  printf("%d,",++(p->x)); printf("%d\n",++(p->y));
}
```

程序运行后的输出结果是(   )。

    A. 1,2   B. 4,1   C. 3,4   D. 2,3

(4) 设有如下说明:

```
typedef struct { int n; char c; double x;}STD;
```

则以下选项中,能正确定义结构体数组并赋初值的语句是(   )。

    A. STD tt[2]={{1,'A',62},{2,'B',75}};

    B. STD tt[2]={1,"A",62},{2, "B",75}};

    C. struct tt[2]={{1,'A'},{2, 'B'}};

    D. struct tt[2]={{1,"A",62.5},{2, "B",75.0}};

(5) 有以下结构体说明和变量定义,指针 p、q、r 分别指向一个链表中的三个连续结点。

```
struct node
{ int data;struct node * next;} * p, * q, * r;
```

现要将 q 和 r 所指结点的先后位置交换,同时保持链表连续,以下错误的程序段是(   )。

    A. r->next=q; q->next=r->next; p->next=r;

B. q—>next=r—>next; p—>next=r; r—>next=q;

C. p—>next=r; q—>next=r—>next; r—>next=q;

D. q—>next=r—>next; r—>next=q; p—>next=r;

(6) 有以下程序：

```
#include "stdio.h"
struct NODE
{ int num; struct NODE * next;};
main()
{ struct NODE * p,* q,* r;
  p=(struct NODE * )malloc(sizeof(struct NODE));
  q=(struct NODE * )malloc(sizeof(struct NODE));
  r=(struct NODE * )malloc(sizeof(struct NODE));
  p->num=10; q->num=20; r->num=30;
  p->next=q;q->next=r;
  printf("%d\n",p->num+q->next->num);
}
```

程序运行后的输出结果是（　　）。

A. 10　　　　　B. 20　　　　　C. 30　　　　　D. 40

(7) 共用体类型变量在程序执行期间（　　）。

A. 所有成员一直驻留在结构中　　B. 只有一个成员驻留在结构中

C. 部分成员驻留在结构中　　　　D. 没有成员驻留在结构中

(8) 有以下程序：

```
#include "stdio.h"
main()
{ union { unsigned int n; unsigned char c;}u1;
  u1.c='A';
  printf("%c\n",u1.n);
}
```

执行后输出结果是（　　）。

A. 产生语法错误　　B. 随机值　　　　C. A　　　　　D. 65

(9) 若有语句：enum color{red,yellow,blue=4,green,white};则 yellow 和 white 的机内值分别是（　　）。

A. 1,6　　　　　B. 2,5　　　　　C. 1,4　　　　　D. 2,6

(10) 若有以下说明和定义：

```
typedef int * INTEGER;
INTEGER p, * q;
```

则以下叙述正确的是（　　）。

A. p 是 int 型变量

B. p 是基类型为 int 的指针变量

    C. q 是基类型为 int 的指针变量

    D. 程序中可用 INTEGER 代替 int 类型名

2. 程序填空题

(1) 人员记录由编号和出生年、月、日组成,N 名人员的数据已存入结构体数组 std 且编号唯一。函数 fun()的功能是找出指定编号人员的数据作为函数值返回,若指定编号不存在,则返回数据中的编号为空串。

```
#define   N   8
typedef struct
{ char num[10];int year,month,day ;}STU;
    ①    fun(STU * std,char * num)
{ int  i;
  STU  a={"",0000,00,00};
  for(i=0;i<N;i++)
    if(strcmp(   ②   ,num)==0)
      return(   ③   );
  return  a;
}
```

(2) 函数 fun()功能是在带有头结点的单向链表中查找数据域值为 ch 的结点,找到后通过函数值返回该结点在链表中所处的顺序号。若不存在值为 ch 的结点,则函数返回 0。

```
typedef  struct list
{ int  data;
  struct list  * next;
} SLIST;
int fun(SLIST * h, int ch)
{ SLIST * p; int  n=0;
  p=h->next;
  while(p!=   ④   )
  { n++;
    if(   ⑤   )  return  n;
    else  p=   ⑥   ;
  }
  return 0;
}
```

(3) 函数 fun()的功能是将不带头节点的单向链表结点数据域中的数据从小到大排序。即若原链表结点数据域从头至尾的数据为:10、4、2、8、6,排序后链表结点数据域从头至尾的数据为:2、4、6、8、10。

```
typedef struct node
{ int   data;
```

```
      struct node  * next;
} NODE;
void fun(NODE  * h)
{ NODE * p, * q;int t;
  p=h;
  while(p)
  { q=_____⑦_____;
    while(_____⑧_____)
    { if(p->data >q->data)
      { t=p->data; p->data=q->data; q->data=t; }
        q=q->next;
      }
      p=_____⑨_____;
    }
}
```

3. 程序分析题

（1）写出下面程序的运行结果。

```
#include  <stdio.h>
#include  <string.h>
struct A
{ int a;char b[10];double c;};
void f(struct A t);
main()
{ struct A a={1001,"ZhangDa",1098.0};
  f(a); printf("%d,%s,%6.1f\n",a.a,a.b,a.c);
}
void f(struct A t)
{ t.a=1002; strcpy(t.b,"ChangRong");t.c=1202.0;}
```

（2）写出下面程序的运行结果。

```
#include  <stdio.h>
struct STU
{ char name[10]; int num; float TotalScore; };
void f(struct STU * p)
{ struct STU s[2]={{"SunDan",20044,550},{"Penghua",20045,537}}, * q=s;
  ++p; ++q; * p= * q;
}
main()
{ struct STU s[3]={{"YangSan",20041,703},{"LiSiGuo",20042,580}};
  f(s);
  printf("%s %d %3.0f\n", s[1].name, s[1].num, s[1].TotalScore);
}
```

（3）写出下面程序的运行结果。

```c
#include  <stdio.h>
struct NODE
{ int num; struct NODE * next;};
main()
{ struct NODE s[3]={{1, '\0'},{2, '\0'},{3, '\0'}}, * p, * q, * r;
  int sum=0;
  s[0].next=s+1; s[1].next=s+2; s[2].next=s;
  p=s; q=p->next; r=q->next;
  sum+=q->next->num; sum+=r->next->next->num;
  printf("%d\n", sum);
}
```

（4）写出下面程序的运行结果。

```c
#include  <stdio.h>
struct NODE
{ int k;
  struct NODE * link;
};
main()
{ struct NODE m[5], * p=m, * q=m+4;
  int i=0;
  while(p!=q)
  { p->k=++i; p++;q->k=i++; q--;}
  q->k=i;
  for(i=0;i<5;i++) printf("%d",m[i].k);
  printf("\n");
}
```

（5）写出下面程序的运行结果。

```c
#include  <stdio.h>
main()
{ union example
  { struct{int x;int y;}in;
    int a,b;
  }e;
  e.a=1;e.b=2;e.in.x=e.a * e.b;e.in.y=e.a+e.b;
  printf("%d,%d\n",e.in.x,e.in.y);
}
```

4. 程序设计题

（1）学生的记录由学号和成绩组成，N 名学生的数据已存入结构体数组 a 中。编写函数 fun()，其功能是把分数最高的学生数据放在 b 数组中，分数最高的学生可能不只一个,函数返回分数最高的学生人数。

(2) 已知 p 是一个带有头结点的单向链表,结点结构为:

```
structlist {  int  data; struct list  * next;};
```

编写函数 fun(),其功能是输出链表尾结点中的数据后删除该结点。

6.4　实验题目

(1) 有 10 名学生,每名学生有语文、数学、外语三门课程的成绩。计算每名学生的总成绩,然后按总成绩由高到低排序。若总成绩相同,再按外语成绩由高到低排序。

要求:利用结构体数组存放数据,通过函数调用方式实现。

(2) 已知链表 la 和 lb 中分别存放一个升序序列。编写程序,将两个链表中的升序序列合并成一个升序序列存放到链表 L1 中。

要求:分别按带头结点和不带头结点处理,通过函数调用方式实现。

(3) 设某公司对所有职工进行计算机能力考核。规定 35 岁以下的职工参加笔试。成绩记录为百分制,60 分以下为不及格;35 岁(含 35 岁)以上的职工进行上机考核,成绩记录为 a、b、c(规定为小写字母三种),c 为不及格。编写程序,输入 10 个职工的考核结果,输出及格职工的编号、姓名和成绩。

要求:用结构体和共用体类型数据来处理职工数据。

(4) 输入两个整型数,依次求出它们的和、差、积并输出。

要求:用枚举类型数据来处理和、差、积的判断。

(5) 编写程序,根据一维数组中的整型数建立一个带有头结点的单向链表,输出链表,计算各结点的数据域之和。

6.5　思考题

(1) 数组与结构体的主要区别是什么?

(2) 结构体与共用体的主要区别是什么?

(3) 结构体成员的数据类型是否可以是自身类型和自身的指针类型?

(4) 链表与数组的主要优缺点各是什么?

(5) 结构体类型、共用体类型和枚举类型是否占用内存空间?

6.6　习题解答

1. 单项选择题(下列每小题有 **4** 个备选答案,将其中的一个正确答案填到其后的括号内)

(1) union data

```
{ int i; char c; float f;};
```

定义了(　　)。

    ① 共用体类型 data　　　　　　　　② 共用体变量 data

    ③ 结构体类型 data　　　　　　　　④ 结构体变量 data

解答：定义由 union 引出,必为共用体类型定义。

答案：①

(2) 下面对枚举类型的叙述,不正确的是(　　)。

    ① 定义枚举类型用 enum 开头　　　② 枚举常量的值是一个常数

    ③ 一个整数可以直接赋给一个枚举变量　　④ 枚举值可以用来作判断比较

解答：不能将一个整数直接赋给枚举变量,赋值时应该进行强制类型转换。

答案：③

(3) union ctype

    { short int　i;char　ch[5];}a;

则变量 a 占用的字节个数为(　　)。

    ① 6　　　　　　② 5　　　　　　③ 7　　　　　　④ 2

解答：共用体变量所占字节数为其成员中占字节数最多的成员所占字节数。在此,i 占 2 个字节,ch 占 5 个字节。

答案：②

(4) 若有语句:enum color{red=-1,yellow,blue,white};

则 blue 的机内值是(　　)。

    ① 0　　　　　　② 1　　　　　　③ 2　　　　　　④ 3

解答：枚举元素的机内值就是其序号,未指定时,默认从 0 开始顺序递增。当有改变时,从改变的元素开始其序号顺序递增。在此,red 的值被改变为-1,其后元素按此顺序递增。

答案：②

(5) 若使指针变量 p 指向一个 double 类型的动态存储单元,则下列正确的是(　　)。

    ① p=double(malloc(sizeof(double)))

    ② p=(double)malloc(sizeof(double))

    ③ p=(*double)malloc(sizeof(double))

    ④ p=(double *)malloc(sizeof(double))

解答：函数 malloc()是申请空间的函数,参数表中的值为申请空间的字节数。该函数的返回值为空类型的指针,要通过强制类型转换成相应指针变量能接收的类型。

答案：④

(6) 有如下定义:

```
struct person {char name[9];int age;};
struct person class[10]={"Johu",17,"Paul",19,"Mary",18,"Adam",16};
```

根据上述定义,能输出字母 M 的语句是(　　)。

　　① printf("%c\n",class[3].name);

　　② printf("%c\n",class[3].name[1]);

　　③ printf("%c\n",class[2].name[1]);

　　④ printf("%c\n",class[2].name[0]);

　　解答：上述定义了一个结构体数组 class，并初始化了前三个数组元素。在此，M 是第 3 个数组元素(下标为 2)的成员 name 的首字母(下标为 0)。

　　答案：④

　　(7) 若已建立图 6.2 所示的单链表结构：

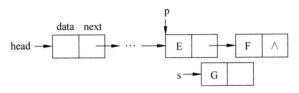

图 6.2　单链表结构

　　在该链表结构中，指针 p、s 分别指向图 6.2 中所示结点，则不能将 s 所指的结点插入到链表末尾仍构成单向链表的语句组是(　　　)。

　　① p=p->next;s->next=p,p->next=s;

　　② p=p->next;s->next=p->next;p->next=s

　　③ s->next=NULL;p=p->next;p->next=s;

　　④ p=(*p).next;(*s).next=(*p).next;(*p).next=s;

　　解答：将 s 结点插入到链表末尾，即接到数据域值为 F 结点之后，成为新的尾结点。

　　答案：①

　　(8) 若一个单向链表中的结点含有两个域，其中 data 是指向字符串的指针域，next 是指向结点的指针域，则此结构的类型定义为(　　　)。

　　① struct link { char * data;struct link * next;};

　　② struct link { char data;struct link * next;};

　　③ struct link { char * data;struct link next;};

　　④ struct link { char data;struct link next;};

　　解答：data 中存放一个字符串，必是一个指针；next 用于连接下一个结点，也必然是一个指针。

　　答案：①

　　(9) 设有如下定义，则对 data 中的 a 成员的正确引用是(　　　)。

```
struct sk{int a;int b;}data, * p=&data;
```

　　① (*p).data.a　　②(*p).a　　　　③ p->data.a　　④ p.data.a

　　解答：在定义结构体类型的同时定义了一个结构体变量 data 和一个结构体指针变量 p，且 p 指向 data。用 p 引用成员 a 有两种方法：(*p).a 和 p->a。

　　答案：②

（10）设有如下定义和说明：

```
typedef union {long i;short int k[5];char c;}DATA;
struct data {short int cat;DATA cow;double dog;}zoo;
DATA max;
```

则下列语句：printf("%d",sizeof(zoo)＋sizeof(max));的执行结果是（　　）。

　　① 26　　　　　　② 30　　　　　　③ 18　　　　　　④ 8

解答：max 是一个共用体类型变量，占 10 个字节。zoo 是一个结构体类型的变量，占 20 个字节。

答案：②

2. 程序分析题

（1）写出下面程序的运行结果。

```
#include "stdio.h"
main()
{ union {char c;char i[4];}z;
  z.i[0]=0x39;z.i[1]=0x36;
  printf("%c\n",z.c);
}
```

解答：z 为共用体变量，有 2 个成员，其中 c 占 1 个字节，i 占 4 个字节。赋值语句：z.i[0]＝0x39，即对成员 c 赋值，所以 z.c 的值也是 0x39。按字符(%c)输出即为 9。

答案：9

（2）写出下面程序的运行结果。

```
#include "stdio.h"
main()
{ struct student
  { char name[10];
    float k1;
    float k2;
  }a[2]={{"zhang",100,70},{"wang",70,80}}, * p=a;
  int i;
  printf("\nname:%s total=%f",p->name,p->k1+p->k2);
  printf("\nname:%s total=%f\n",a[1].name,a[1].k1+a[1].k2);
}
```

解答：a 为结构体数组，并已初始化，p 为指向数组 a 的指针变量，i 无意义。

答案：name:zhang total＝170.000000

　　　　 name:wang total＝150.000000

（3）写出下面程序的运行结果。

```
#include "stdio.h"
main()
```

```
{ enum em{em1=3,em2=1,em3};
  char * aa[]={"AA","BB","CC","DD"};
  printf("%s%s%s\n",aa[em1],aa[em2],aa[em3]);
}
```

解答：em 为枚举类型，有 3 个枚举常量，序号值分别为 3、1、2。aa 为指针数组，并已初始化处理。

答案：DDBBCC

（4）写出下面程序的运行结果。

```
#include "stdio.h"
main()
{ union
  { char s[2];
    int i;
  }g;
  g.i=0x4142;
  printf("g.i=%x\n",g.i);
  printf("g.s[0]=%x\t g.s[1]=%x\n",g.s[0],g.s[1]);
  g.s[0]=1;
  g.s[1]=0;
  printf("g.s=%x\n",g.i);
}
```

解答：g 为共用体变量，有 2 个成员：一个是有 2 个元素的字符数组 s，另一个是整型变量 i。赋值语句：g.i=0x4142;相当于对 s 的赋值：g.s[0]=0x42;g.s[1]=0x41。同样，赋值语句：g.s[0]=1;g.s[1]=0;相当于对 g.i 赋值为 1。

答案：g.i=4142
　　　　g.s[0]=42　g.s[1]=41
　　　　g.s=1

（5）写出下面程序的运行结果。

```
#include "stdio.h"
main()
{ struct num {int x;int y;}sa[]={{2,32},{8,16},{4,48}};
  struct num * p=sa+1;
  int x;
  x=p->y/sa[0].x * ++p->x;
  printf("x=%d p->x=%d",x,p->x);
}
```

解答：sa 为结构体数组，并已进行初始化处理，p 为结构体类型指针，并指向 sa 的第 2 个元素(下标为 1)，x 为一普通整型变量。赋值表达式：x=p->y/sa[0].x * ++p->x 等价于逗号表达式：++p->x, x=p->y/sa[0].x * p->x,由此可知，p->x 的值为 9，x＝16/2＊9＝72。

答案：x＝72 p—＞x＝9

3. 程序填空题（请在下列程序的下画线处填上正确的内容，使程序完整）

（1）下列程序的功能是计算两个复数的和。

```
#include "stdio.h"
struct comp
{ float re;float im;};
struct comp * m(struct comp * x,struct comp * y)
{ _____①_____ ;
  z=(struct comp * )malloc(sizeof(struct comp));
  z->re=x->re+y->re;
  z->im=x->im+y->im;
  return _____②_____ ;
}
main()
{ struct comp * t;
  struct comp a,b;
  a.re=1;a.im=2;
  b.re=3;b.im=4;
  t=m(_____③_____);
  printf("t.re=%f,t.im=%f",( * t).re,( * t).im);
}
```

解答：求两个复数和的算法：实部加实部、虚部加虚部即可。z 为结构体型指针变量，它被使用了但没先定义，z 中存放计算结果需要返回。函数 m 的两个参数应为指针类型。

答案：① struct comp * z ② z ③ &a,&b

（2）结构体数组中存有三个人的姓名和年龄，以下程序的功能是输出三人中最年长者的姓名和年龄。

```
#include "stdio.h"
struct man
{ char name[20];int age;}person[]={{"Mary",16},{"Tom",21},{"Jim",18}};
main()
{ structman * p, * q;
  int old=0;
  for(p=person;_____④_____;p++)
    if(old<p->age)
    {q=p;_____⑤_____;}
  printf("%s  %d",_____⑥_____);
}
```

解答：从程序中可以看出，p 和 q 同为结构体类型的指针，p 的作用是扫描整个结构体数组,q 的作用是记录年长者的记录的位置。

答案：④ p＜person＋3 或 p＜＝person＋2 ⑤ old＝p－＞age ⑥ q－＞name,
q－＞age

(3) 函数 print()输出如图 6.3 所示的链表。

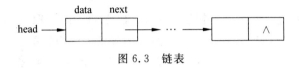

图 6.3 链表

```
#include "stdio.h"
struct   stu
{ int data;
    ⑦     ;
};
void  print(head)
struct   stu * head;
{ struct stu   * p;
  p=head;
  while(p!=NULL)
  { printf("%d", p->data);
      ⑧     ;
  }
}
```

解答：链表的结点是由数据域和指针域构成的,定义中缺少指针类型成员。指针 p
在链表上的后移操作是 p＝p－＞next。

答案：⑦ struct stu * next ⑧ p＝p－＞next

(4) 以下函数 creat()用来建立一个带头结点的单向链表,新产生的结点总是插在链
表的尾部。单向链表的头指针作为函数的返回值。

```
#include "stdio.h"
#include "stdlib.h"
struct list{ char data;  struct list * next;};
struct list * creat()
{ struct list * h, * p, * q;
  char ch;
  h=    ⑨    malloc(sizeof(struct list));
  p=q=h;
  ch=getchar();
  while(ch!='?')
  { p=    ⑩    malloc(sizeof(struct list));
    p->data=ch;
    q->next=p;
    q=p;
```

```
        ch=getchar();
    }
    p->next=NULL;
    return      ⑪      ;
}
```

解答：链表是通过获取空间、链接空间结点建立的。而获取空间的函数返回值类型为空类型指针，必须进行强制类型转换，转换为相应结点的指针类型。最后要将头指针返回。该函数是将键盘输入的字符用尾接的方法链成一个链表，当输入字符"?"时，建立过程结束。其中，语句：p=q=h;中的 p 可省略。它只起迷惑的作用，写成 q=h;即可。

答案：⑨(struct list *)　⑩(struct list *)　⑪h

(5) 下面程序用来建立一个含有 10 个结点的并且不带头结点的单向链表，新产生的结点总是插在第一个结点之前。

```
#include "stdlib.h"
#include "stdio.h"
struct  student
{ int  no;int  score;struct student * next;};
main()
{ struct student   * head,*p;
  int  i;
  head=      ⑫      ;
  for(i=0 ; i<10; i++)
  { p=(struct  student * )malloc(sizeof(struct student));
    scanf("%d%d  ",&p->no,&p->score);
    p->next=head;
    head=      ⑬      ;
  }
  for(p=head;p!=NULL;p=p->next)
    printf("%d,%d\t",p->no,p->score);
}
```

解答：该程序为首插法建立不带头结点的单向链表的方法。所谓首插法就是新生成的结点始终插入到第 1 个结点之前的一种建立链表的方法，头指针始终要指向新生成的结点，总是在改变。可事先准备一个空链表(head=NULL)，然后将新生成的结点不断地插入到第一个结点之前。

答案：⑫ NULL　⑬ p

4. 程序改错题(下列每小题有一个错误，找出并改正)

(1) 下列程序的功能是输出结构体变量的值。

```
#include "stdio.h"
student struct
{ long int num;char name[10];char sex;}a={89241,"zhang",'M'};
```

```
main()
{ printf("%ld %s %c",a.num,a.name,a.sex);}
```

解答：该程序在定义结构体类型的同时定义了一个结构体变量 a,并进行了初始化处理。定义结构体类型一定要将 struct 写在前面。

答案：错误行：student struct

修改为：struct student

（2）下列程序的功能是输出结构体变量的值。

```
#include "stdio.h"
#include "string.h"
main()
{ struct  worker
  { int num;char name[20];int age;}person, * p;
  p=&person;
  person={100,"chenxi",23};
  printf("%d %s %d",person.num,p->name,( * p).age);
}
```

解答：该程序中定义了一个结构体变量 person 和一个结构体类型的指针变量 p,p 指向 person。在给 person 赋值的时候出现错误。结构体变量可以整体赋值,但只能将一个变量的值整体赋值给另一个变量。用常量赋值只能在定义变量的同时进行,或对每个成员分别赋值。

答案：错误行：person={100,"chenxi",23};

修改为：person.num=100;

strcpy(person.name,"chenxi");

person.age=23;

（3）下列程序的功能是输出枚举变量的值。

```
#include "stdio.h"
enum data {sun,mon,tue,wed,thu,fri,sat};
main()
{ enum data day;
  day=mon;
  printf("%s",day);
}
```

解答：枚举元素不是字符串,不能直接按字符串的形式输出,可以按整型输出枚举元素的序号：printf("％d",day);,但是该程序显然是要输出枚举元素的值,而不是序号。

答案：错误行：printf("％s",day);

修改为：switch(day)

{ case sun：puts("sun");break;

case mon：puts("mon");break;

```
            case tue：puts("tue")；break；
            case wed：puts("wed")；break；
            case thu：puts("thu")；break；
            case fri：puts("fri")；break；
            case sat：puts("sat")；
        }
```

（4）下列函数的功能是统计不带头结点链表的结点数。

```
#include <stdio.h>
struct node
{ int data; struct node * next;};
count(struct node * head)
{ int n=0;
  while(head!=NULL)
  { n++;
    head++;
  }
  return n;
}
```

解答：链表中的指针后移不能通过自增运算完成,而是通过链表结点中的指针域后移实现。

答案：错误行：head＋＋；
　　　　改正为：head＝head－＞next；

5. 程序设计题

（1）用结构体数组存放表 6.1 中的数据,然后输出每人的姓名和实发工资(基本工资＋浮动工资－支出)。

表 6.1　工资表

姓名	基本工资	浮动工资	支出	姓名	基本工资	浮动工资	支出
zhao	230.00	400.00	76.00	sun	360.00	0.00	80.00
qian	350.00	120.00	56.00				

解答：表 6.1 给出了每个职工记录的基本信息。先定义一个结构体类型,结构体成员除该表中的 4 项外,增加一个"实发工资"成员。定义一个该结构体类型数组并用基本信息初始化。按照给定的算式计算出每个员工的实发工资,并输出相应的信息即可。

```
#include "stdio.h"
struct person
{ char name[10];
  float jbgz,fdgz,zc,sf;
}a[]={{"zhao",230.00,400.00,76.00,0},
```

```
            {"qian",350.00,120.00,56.00,0},
            {"sun", 360.00,0.00,80.00,0}};
main()
{ int i;
  printf("name\tsf\n");
  for(i=0;i<3;i++)
  { a[i].sf=a[i].jbgz+a[i].fdgz-a[i].zc;
    printf("%s\t%.2f\n",a[i].name,a[i].sf);
  }
}
```

(2) 编写程序，输入 10 个职工的编号、姓名、基本工资、职务工资，求出"基本工资＋职务工资"最少的职工，并输出该职工记录。

解答：根据题意可以设计一个结构体类型，成员包括：num（编号）、name（姓名）、jbgz（基本工资）、zwgz（职务工资）和 sfgz（实发工资）。定义一个该结构体类型的数组并初始化。先求出实发工资，再找出实发工资最少的职工，输出相应信息。

```
#include "stdio.h"
struct person
{ char num[10],name[20];
  float jbgz,zwgz,sfgz;
}a[10]={{"001","wangdong", 800,200,0},
        {"002","lifang",   1000,300,0},
        {"003","zhaomiao", 900,240,0},
        {"004","zhenggang",700,160,0},
        {"005","liuna",    1010,220,0},
        {"006","wentian", 1200,280,0},
        {"007","guoyu",    1120,270,0},
        {"008","majia",    1040,210,0},
        {"009","liangli",  800,100,0},
        {"010","chengshi", 950,100,0}};
main()
{ int i,j=0;
  for(i=0;i<10;i++)
  { a[i].sfgz=a[i].jbgz+a[i].zwgz;
    if(a[i].sfgz<a[j].sfgz) j=i;
  }
  printf("%s\t%s\t%.2f\t%.2f\t%.2f\n",
        a[j].num,a[j].name,a[j].jbgz,a[j].zwgz,a[j].sfgz);
}
```

(3) 编写程序，输入 10 个学生的学号、姓名和 3 门课程的成绩，将总分最高的学生的信息输出。

解答：根据题意设计一个结构体类型，成员包括：num（学号）、name（姓名）、math（成绩 1)、chi(成绩 2)、eng(成绩 3)和 total(总成绩)。定义一个该结构体类型的数组存放学生信息,在输入过程中计算总分和最高分。为方便调试程序,可以初始化。

```
#include "stdio.h"
struct student
{ char num[10],name[20];
  int math,chi,eng,total;
}a[10]={{"001","wangdong", 80,74,49,0},
        {"002","lifang",  100,89,90,0},
        {"003","zhaomiao", 90,64,80,0},
        {"004","zhenggang",70,76,81,0},
        {"005","liuna",    51,72,90,0},
        {"006","wentian",  80,80,73,0},
        {"007","guoyu",    70,70,67,0},
        {"008","majia",    64,70,75,0},
        {"009","liangli",  88,100,76,0},
        {"010","chengshi", 95,88,77,0}};
main()
{ int i,j=0;
  for(i=0;i<10;i++)
  { a[i].total=a[i].math+a[i].chi+a[i].eng;
    if(a[i].total>a[j].total) j=i;
  }
  printf("%s\t%s\t%d\t%d\t%d\t%d\n",
        a[j].num,a[j].name,a[j].math,a[j].chi,a[j].eng,a[j].total);
}
```

(4) 编写程序,输入表 6.2 所示的学生成绩表中的数据,用结构体数组存放,按外语成绩升序排序并输出。

表 6.2 学生成绩表

姓名	语文	数学	外语	姓名	语文	数学	外语
zhao	97.5	89.0	78.0	sun	75.0	79.5	68.5
qian	90.0	93.0	87.5	li	82.5	69.5	54.0

解答:结构体成员和值已给出,只要按外语成绩升序排序即可。排序方法可用选择、起泡和插入的任何一种。

```
#include "stdio.h"
struct student
{ char name[20];
  float chi,math,eng;
};
void selesort(struct student a[],int n)
```

```
{ int i,j,k;
  struct student t;
  for(i=0;i<n-1;i++)
  { k=i;
    for(j=i+1;j<n;j++)
      if(a[j].eng<a[k].eng) k=j;
    if(k!=i)
    { t=a[k];a[k]=a[i];a[i]=t;}
  }
}
main()
{ struct student a[4]={{"zhao",97.5,89.0,78.0},
                       {"qian",90.0,93.0,87.5},
                       {"sun", 75.0,79.5,68.5},
                       {"li",  82.5,69.5,54.0}};
  int i;
  selesort(a,4);
  printf("name\tchi\tmath\teng\n");
  for(i=0;i<4;i++)
    printf("%s\t%.1f\t%.1f\t%.1f\n",a[i].name,a[i].chi,a[i].math,a[i].eng);
}
```

（5）建立一个存放学生数据的单向链表，然后删除指定学号的学生数据结点。

解答：链表中的学生数据结点应该包括学生记录的信息，比如：学号、姓名、性别、各门课的成绩等，还要有连接下一结点的指针。为了简便，只定义学号和链接成员即可。删除时应先查找指定的学号位置，若找到，则删除，否则给出没找到的信息。要注意的是在建立的不带头结点的链表中，删除第一个结点的方法。

```
#include "stdio.h"
#include "stdlib.h"
typedef struct node
{ char num[10];
  struct node * next;
}STU;
STU * crelink(int n)
{ STU * head, * p, * s;
  int i;
  if(n<1) return NULL;
  printf("Input %d numbers:\n",n);
  p=head= (STU * )malloc(sizeof(STU));
  gets(p->num);
  for(i=1;i<n;i++)
  { s= (STU * )malloc(sizeof(STU));
    gets(s->num);
```

```
        p->next=s;
        p=s;
      }
    p->next=NULL;
    return head;
}
void list(STU * head)
{ STU * p;
  p=head;
  while(p)
  { printf("%s-->",p->num);
    p=p->next;
  }
  printf("\n");
}
STU * delelink(STU * head,char * no)
{ STU * p,* q;
  if(head==NULL)
  { printf("linklist is NULL!\n"); return head;}
  q=head;
  while(q&&strcmp(q->num,no)!=0)
  { p=q; q=q->next;}
  if(q==NULL)
  { printf("%s not found!\n",no); return head;}
  if(q==head)
  { head=q->next; free(q); return head;}
  p->next=q->next;
  free(q);
  return head;
}
main()
{ STU * H; char str[10];
  H=crelink(7);
  list(H);
  printf("Which you want to delete?");
  gets(str);
  H=delelink(H,str);
  list(H);
}
```

(6) 建立两个单向链表 a 和 b,然后从 a 中删除那些在 b 中存在的结点。

解答:用最简单的结点类型实现。在删除操作中,用一个指针(q)扫描 a 链表,在 b 链表中查找 q 指向结点的数据域值是否存在,可用一个指针(r)在 b 链表中查找。找到后要在链表 a 中进行删除操作,因此,用 q 指针在 a 链表中访问时要跟着一个指针(p),在进行删除操作时使用。链表为不带头结点的链表,删除第一个结点时要特别注意。

```
#include "stdio.h"
#include "stdlib.h"
typedef struct node
{ int data;
  struct node * next;
}link;
link * crelink(void)
{ link * head, * p, * s;
  int x;
  printf("Input datas(-1:End): ");          /* 任意输入结点值,"-1"作为结束标志 */
  scanf("%d",&x);
  if(x==-1)return NULL;
  p=head= (link * )malloc(sizeof(link));
  p->data=x;                    /* 建立第一个结点,由 head 指向,p 用于链接下一个结点 */
  scanf("%d",&x);
  while(x!=-1)
  { s=(link * )malloc(sizeof(link));       /* 生成其余结点,并接入到链表中 */
    s->data=x;
    p->next=s;
    p=s;
    scanf("%d",&x);
  }
  p->next=NULL;
  return head;
}
void list(link * head)
{ link * p;
  p=head;
  while(p)
  { printf("%5d",p->data);
    p=p->next;
  }
  printf("\n");
}
link * dela(link * a,link * b)
{ link * p, * q, * r;
  q=a;
  while(q)
  { r=b;                              /* 在 b 表中查找 q 结点值是否存在 */
    while(r&&r->data!=q->data)
      r=r->next;
    if(r)                            /* 找到时的处理 */
```

```
        if(q==a)
        { a=q->next; free(q);q=a;}          /*删除第一个结点的处理方法*/
        else
        { p->next=q->next; free(q);q=p->next;}  /*删除非第一个结点的处理方法*/
      else
      { p=q;q=q->next;}                      /*没找到时的处理*/
    }
    return a;
}
main()
{ link *H,*h;
  H=crelink();
  list(H);
  h=crelink();
  list(h);
  H=dela(H,h);
  list(H);
}
```

(7) 将一个单链表逆置,即链表头当链表尾,链表尾当链表头。

解答:将一个链表逆置,可以看成是用一个已知的链表新建一个链表,结点还是原链表中的结点,只是不断地取下来插入到新建链表的首端即可。新建链表初始为空链表。

```
#include "stdio.h"
#include "stdlib.h"
typedef struct node
{ int data;
  struct node *next;
}link;
link *crelink(void)
{ link *head,*p,*s;
  int x;
  printf("Input datas(-1:End): ");
  scanf("%d",&x);
  if(x==-1) return NULL;
  p=head=(link *)malloc(sizeof(link));
  p->data=x;
  scanf("%d",&x);
  while(x!=-1)
  { s=(link *)malloc(sizeof(link));
    s->data=x;
    p->next=s;
    p=s;
    scanf("%d",&x);
  }
```

```
      p->next=NULL;
      return head;
}
void list(link * head)
{ link * p;
  p=head;
  while(p)
  { printf("%5d",p->data);
    p=p->next;
  }
  printf("\n");
}
link * revert(link * head)
{ link * p, * q;
  p=head;                        /* 用 p 标识待前插的结点 */
  head=NULL;                     /* 建一个空链表 */
  while(p)
  { q=p->next;                   /* 用 q 标识后继链表 */
    p->next=head;                /* 将 p 结点前插,不断扩充 head 链表 */
    head=p;
    p=q;
  }
  return head;
}
main()
{ link * H, * h;
  H=crelink();
  list(H);
  H=revert(H);
  list(H);
}
```

6.7　自测试题参考答案

1. 单项选择题

(1) B　　　(2) C　　　(3) D　　　(4) A　　　(5) A　　　(6) D　　　(7) B

(8) C　　　(9) A　　　(10) B

2. 程序填空题

(1) ① STU　　　　　② std[i].num　　　　③ std[i] 或 * (std+i)

(2) ④ NULL　　　　 ⑤ p->data==ch　　　⑥ p->next

(3) ⑦ p->next　　　 ⑧ q 或 q!=NULL　　　⑨ p->next

3. 程序分析题(阅读程序,写出运行结果)

(1) 1001,ZhangDa,1098.0   (2) Penghua 20045 537   (3) 5

(4) 13431   (5) 4,8

4. 程序设计题

(1)

```
#define  N  10
typedef struct
{ char num[10]; int s;}STRUC;
int  fun(STRUC * a,STRUC * b)
{ int i,j=0,max=a[0].s;
  for(i=0;i<N;i++)
    if(max<a[i].s) max=a[i].s;
  for(i=0;i<N;i++)
    if(max==a[i].s) b[j++]=a[i];
  return j;
}
```

(2)

```
typedef struct list
{ int  data;struct list  * next;}SLIST;
void fun(SLIST * p)
{ SLIST  * t,* s;
  t=p->next;s=p;
  while(t->next!=NULL)
  { s=t;t=t->next;}
  printf(" %d ",s->data);
  s->next=NULL;
  free(t);
}
```

6.8 实验题目参考答案

(1)

```
#include <stdio.h>
#define STUDENTS 10
struct student
{ int num;int yuwen;int math;int english;int total;} stu[STUDENTS];
sort(struct student * ptr)
{ int i,j;
  struct student temp;
  for(i=0;i<STUDENTS-1;i++)
```

```
    for(j=i+1;j<STUDENTS;j++)
      if(ptr[i].total<ptr[j].total||ptr[i].total==ptr[j].total&&
        ptr[i].english<ptr[j].english)
      { temp=ptr[i];ptr[i]=ptr[j]; ptr[j]=temp;}
}
main()
{ int i;
  for(i=0;i<STUDENTS;i++)
  { scanf("%d%d%d%d",&stu[i].num,&stu[i].yuwen,&stu[i].math,
   &stu[i].english);
   stu[i].total=stu[i].yuwen+stu[i].math+stu[i].english;
  }
  sort(stu);
  for(i=0;i<STUDENTS;i++)
  printf("%d\t%d\t%d\t%d\t%d\t%d\n",stu[i].num,stu[i].yuwen,
      stu[i].math,stu[i].english,stu[i].total,i+1);
}
```

(2)

```
#include "stdio.h"
#include "stdlib.h"
typedef int ElemType;
typedef struct node                          /* 结点数据类型 */
{ ElemType data;                             /* 数据域 */
  struct node * next;                        /* 指针域 */
}slink;
```

① 带头结点

```
slink * initlist(int n)                      /* 创建一个含有 n 个元素的带头结点的单链表 */
{ slink * head, * p, * s;
  int i;
  p=head= (slink * )malloc(sizeof(slink));   /* 创建头结点 */
  for(i=1;i<=n;i++)
  { s= (slink * )malloc(sizeof(slink));
    scanf("%d",&s->data);
    p->next=s; p=s;
  }
  p->next=NULL;                              /* 尾结点的指针域置为空 */
  return head;
}
void list(slink * head)                      /* 输出带头结点的单链表 */
{ slink * p;
  p=head->next;
  while(p!=NULL)
```

```
      { printf("%d",p->data);p=p->next;}
      printf("\n");
  }
  void merge(slink * la,slink * lb)        /* 合并 */
  { slink * pa, * pb, * pc;
    pa=la->next;pb=lb->next;
    pc=la;                    /* 将 la 作为新链表的头指针,pc 总是指向新链表的最后一个结点 */
    while(pa!=NULL&&pb!=NULL)
    { if(pa->data<=pb->data)
      { pc->next=pa;pa=pa->next;}     /* pa 指向的结点连到 pc 指向的结点后 */
      else
      { pc->next=pb;pb=pb->next;}     /* pb 指向的结点连到 pc 指向的结点后 */
      pc=pc->next;
    }
    if(pa!=NULL)pc->next=pa;          /* 若 la 表中还有剩余结点,则接入新表中 */
    else pc->next=pb;                 /* 若 lb 表中还有剩余结点,则接入新表中 */
    free(lb);
  }
  main()
  { slink * H1, * H2;
    int n,i; ElemType x;
    H1=initlist(6); H2=initlist(5);
    list(H1); printf("\n");
    list(H2); printf("\n");
    merge(H1,H2);
    list(H1);printf("\n");
  }
```

② 不带头结点

```
  slink * initlist1(int n)              /* 创建一个含有 n 个元素的不带头结点的单链表 */
  { slink * head, * p, * s;
    int i;
    p=head=NULL;
    for(i=1;i<=n;i++)
    { s=(slink * )malloc(sizeof(slink));
      scanf("%d",&s->data);
      if(i==1){p=s;head=s;}
      else
      { p->next=s;p=s;}
    }
    p->next=NULL;                       /* 尾结点的指针域置为空 */
    return head;
  }
  void list1(slink * head)              /* 输出单链表 */
```

```
{ slink * p;
  p=head;
  while(p!=NULL)
  { printf("%d",p->data);p=p->next;}
  printf("\n");
}
void merge1(slink * la,slink * lb)      /* 合并 */
{ slink * pa, * pb, * pc;
  if(la->data>lb->data){pc=la;la=lb;lb=pc;}
                                        /* 将 la 作为新链表的头指针 */
  pc=la;                                /* pc 总是指向新链表的最后一个结点 */
  pa=la->next;pb=lb;
  while(pa!=NULL&&pb!=NULL)
  { if(pa->data<=pb->data)
    { pc->next=pa;pa=pa->next;}         /* pa 指向的结点连到 pc 指向的结点后 */
    else
    { pc->next=pb;pb=pb->next;}         /* pb 指向的结点连到 pc 指向的结点后 */
    pc=pc->next;
  }
  if(pa!=NULL)pc->next=pa;              /* 若 la 表中还有剩余结点,则接入新表中 */
  else pc->next=pb;                     /* 若 lb 表中还有剩余结点,则接入新表中 */
}
main()
{ slink * H1, * H2;
  int n,i; ElemType x;
  H1=initlist1(6); H2=initlist1(5);
  list1(H1); printf("\n");
  list1(H2); printf("\n");
  merge1(H1,H2);
  list1(H1); printf("\n");
}
```

(3)

```
#include "stdio.h"
union u2                          /* 定义记录成绩的共用体类型 */
{ int em1;                        /* 35 岁以下职工的笔试成绩 */
  char em2;                       /* 记录 35 岁以上 (含 35 岁)职工的上机成绩 */
};
struct person3                    /* 记录职工信息的结构体类型 */
{ long num;                       /* 记录职工的编号 */
  char name[10];                  /* 记录职工的姓名 */
  int age;                        /* 记录职工的年龄 */
  union u2 score;                 /* 记录职工的成绩 */
};
```

```
#define N 4
main()
{ struct person3 per[N], * p;
  int i;
  for(i=0;i<N;i++)
  { scanf("%ld",&per[i].num);
    scanf("%s",per[i].name);
    scanf("%d",&per[i].age);
    if(per[i].age<35)                    /* 35 岁以下输入整型成绩 */
     scanf("%d",&per[i].score.em1);
    else                                 /* 35 岁以上输入字符型成绩 */
     scanf("%c",&per[i].score.em2);
  }
  p=per;
  printf("num name age score\n");
  for(;p<per+N;p++)
   if((p->age<35&&p->score.em1>=60)||(p->age>=35&&p->score.em2!='c'))
   { printf("%-61d",p->num);
     printf("%-10s",p->name);
     if(p->age<35)
      printf("%-4d\n",p->score.em1);
     else
      printf("%c\n",p->score.em2);
   }
}
```

(4)

```
#include <stdio.h>
int main()
{ enum operation {plus,minus,times} opl;
  int x,y;
  scanf("%d%d",&x,&y);
  opl=plus;
  while(opl<=times)
  { switch(opl)
    { case plus:printf("%d+%d=%d\n",x,y,x+y);break;
      case minus:printf("%d-%d=%d\n",x,y,x-y);break;
      casetimes:printf("%d * %d=%d\n",x,y,x * y);break;
    }
    opl=(enum operation)((int)opl+1);
  }
}
```

（5）

```
#include <stdio.h>
#include <stdlib.h>
#define    N    8
typedef  struct  list
{ int  data;struct list  * next;}SLIST;
int fun(SLIST * h)
{ SLIST * p;  int  s=0;
  p=h->next;
  while(p){ s+=p->data;p=p->next;}
  return s;
}
SLIST * creatlist(int a[])
{ SLIST  * h,* p,* q; int  i;
  h=p=(SLIST * )malloc(sizeof(SLIST));
  for(i=0;i<N;i++)
  { q=(SLIST * )malloc(sizeof(SLIST));
    q->data=a[i];  p->next=q;  p=q;
  }
  p->next=NULL;
  return  h;
}
void outlist(SLIST * h)
{ SLIST   * p;
  p=h->next;
  if(p==NULL)  printf("The list is NULL!\n");
  else
  { printf("\nHead");
    do{ printf("->%d", p->data); p=p->next;}while(p!=NULL);
    printf("->End\n");
  }
}
main()
{ SLIST  * head;
  int a[N]={12,87,45,32,91,16,20,48};
  head=creatlist(a);outlist(head);
  printf("\nsum=%d\n", fun(head));
}
```

6.9 思考题参考答案

（1）**答**：数组元素的数据类型必须是相同的,结构体成员的数据类型可以是不同的。

（2）**答**：结构体变量的成员是异址的,结构体变量所占的内存长度是各成员所占内存长度之和。共用体型变量的成员是同址的,共用体变量所占的内存长度等于最长的成员所占的长度。

（3）**答**：结构体成员的数据类型不能是自身类型,但可以是自身的指针类型。

（4）**答**：数组的优点是可以根据下标直接存取数组元素。数组的缺点是必须事先定义固定的长度(元素个数),不能适应数据动态增减的情况。当数据增加时,可能超出原先定义的元素个数;当数据减少时,会造成内存空间的浪费。另外,在数组中插入、删除数据项时,需要移动其他数据项。链表的优点是可以动态地分配存储空间,适应数据增减的情况,且在插入、删除时无须移动数据项。链表的缺点是指针域占用存储空间,且存取时必须从头指针开始遍历。

（5）**答**：类型定义不分配内存空间,只对定义的变量分配内存空间,分配内存空间的大小由变量的类型确定。

第 **7** 章 文 件

CHAPTER

7.1 内容概述

本章主要介绍了文件系统的基本概念、文件类型的定义、文件的打开与关闭概念及函数调用、文件不同方式的读写函数调用、文件内读写位置定位函数调用等内容。本章的知识结构如图 7.1 所示。

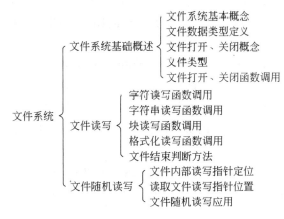

图 7.1 第 7 章知识结构

考核要求：掌握文件的基本概念，了解文件类型的定义内容，重点掌握文件打开函数的参数设置及文件关闭函数，熟练掌握文件的单字节读写函数，掌握文件字符串读写函数，了解文件块读写函数，掌握文件格式化读写函数，掌握文件结束判断方法，掌握文件读写位置定位方法。

重点难点：本章的重点是文件类型指针的概念，有关文件打开、关闭、读写、定位、错误检测等系统函数的使用。本章的难点是有关文件处理的系统函数的使用，特别是读写函数的使用。

核心考点：文件打开函数的参数设置、文件读写函数调用和文件读写位置定位。

7.2　典型题分析

【例 7.1】　下列关于 C 语言数据文件的叙述中正确的是(　　)。

A. 文件由 ASCII 码字符序列组成,C 语言只能读写文本文件

B. 文件由二进制数据序列组成,C 语言只能读写二进制文件

C. 文件由记录序列组成,可按数据的存放形式分为二进制文件和文本文件

D. 文件由数据流形式组成,可按数据的存放形式分为二进制文件和文本文件

解析:C 语言能处理的文件为流式文件,可分为二进制流和文本流两大类,统称为数据文件。打开文件时需指明文件类型。

答案:D

【例 7.2】　若执行函数 fopen()时发生错误,则函数的返回值是(　　)。

A. 随机值　　　　　　B. 1　　　　　　C. NULL　　　　　　D. EOF

解析:当程序通过函数 fopen()打开一个文件时,获得指向 FILE 结构的指针,通过这个指针,就可以对文件进行操作。在打开一个文件时,如果出错,函数 fopen()将返回一个空指针值(NULL),如果成功打开一个文件,函数 fopen()返回文件指针。在程序中可以用这一信息来判别是否完成打开文件的操作,并作相应的处理。

答案:C

【例 7.3】　当正常执行文件关闭操作时,函数 fclose()的返回值是(　　)。

A. −1　　　　　　　　B. 随机值　　　　　C. 0　　　　　　　　D. 1

解析:使用函数 fclose()关闭文件可以把缓冲区内最后剩余的数据输出到磁盘文件中,并释放文件指针和有关的缓冲区。若关闭成功,返回 0,否则返回 EOF(−1)。

答案:C

【例 7.4】　以下程序的功能是从键盘输入文件名,然后把从键盘输入的以"#"结束的字符串及字符个数存放到该文件中。请填空。

```
#include "stdio.h"
#include "stdlib.h"
main()
{ FILE * fp;
  char ch,fname[32];int count=0;
  printf("Input the filename :");scanf("%s",fname);
  if((fp=fopen(____①____,"w"))==NULL)
  { printf("Can't open file:%s\n",fname);exit(0);}
  printf("Enter string(#:end):");
  ____②____;
  while((ch=getchar())!='#')
  { fputc(ch,fp);____③____;}
  fprintf(fp,"\n%d\n",count);
  fclose(fp);
}
```

解析：函数 fopen()以字符串常量形式或字符串首地址形式给出所打开文件的信息，包括存储位置及名称。本题中，将文件信息名存储在数组 fname 中，函数 fopen()使用字符数组首地址，故①处应填 fname。在读入字符之前，需将键盘缓冲区中的回车读出，故②应填 getchar()。变量 count 记录从键盘输入的字符数，故③处应填 count＋＋(或＋＋count，或 count＝count＋1，或 count＋＝1)。

答案：①　fname　　②　getchar();　　③　count＋＋

【例 7.5】　以下程序运行后，文件 t1.txt 中的内容是(　　　)。

```
#include "stdio.h"
void WriteStr(char * fn,char * str)
{ FILE * fp;
  fp=fopen(fn,"w");
  fputs(str,fp);
  fclose(fp);
}
main()
{ WriteStr("t1.txt","start");
  WriteStr("t1.txt","end");
}
```

A. start　　　　　B. end　　　　　C. startend　　　　　D. endrt

解析：函数 fopen()以写方式打开文件时，若原文件存在，则将文件清空；若原文件不存在，则创建空文件。本题中，文件打开在函数 WriteStr 中完成，函数调用两次，文件打开两次，每次都是清空后存入新的内容，因此文件内容为最后一次所存的信息。

答案：B

【例 7.6】　有如下程序，若文件 f1.txt 中原有内容为：good，则程序运行后文件 f1.txt 中的内容为(　　　)。

```
#include <stdio.h>
main()
{ FILE   * fp1;
  fp1=fopen("f1.txt","a");
  fprintf(fp1,"abc");
  fclose(fp1);
}
```

A. goodabc　　　　B. abcd　　　　C. abc　　　　D. abcgood

解析：函数 fopen()以"a"(追加)方式打开文件时，将文件位置指针置于文件末尾，向文件写入的数据将接在原内容之后。

答案：A

【例 7.7】　若有以下定义和函数说明：

```
struct ss { int n;float x;} a[30];
FILE   * fp;
```

则以下不能将数组 a 中的数据写入文件的语句是(　　　)。

A. for(i=0;i<10;i++)

fwrite(&a[i], sizeof(struct ss),1L,fp);

B. for(i=0;i<15;i++,i++)

fwrite(a+i,sizeof(struct ss),2L,fp);

C. for(i=0;i<30;i++)

fwrite(&a[i],sizeof(struct ss),1L,fp);

D. fwrite(a, sizeof(struct ss),30L,fp);

解析：函数 fwrite()实现将一个数据块写入已打开的文件中,调用函数时需要指明所写入块数据在内存中的存储首地址、每块字节数、块的个数。因此,可把结构体数组中的 30 个元素作为一块一次写入,也可把每个元素或每两个相邻元素等作为一块通过循环实现数组元素的写入。选项 A 只写入了 10 个元素。

答案：A

【例 7.8】 函数调用语句：fseek(fp, −10L, 2);的含义是将文件位置指针(　　　)。

A. 移动到距离文件头 10 个字节处

B. 从当前位置向文件尾方向移动 10 个字节

C. 移动到距离文件尾 10 个字节处

D. 从当前位置向文件头方向移动 10 个字节

解析：函数 fseek()实现对文件位置指针进行定位,可实现文件信息的随机存取。函数 fseek()的格式为：fseek(fp,位移量,起始点),其功能是将文件位置指针从"起始点"开始移动"位移量"的距离(字节数)。若位移量为负数,表明向文件头的方向移动,否则向文件尾的方向移动。起始点的值为 0,从文件头开始;起始点的值为 1,从当前位置开始;起始点的值为 2,从文件尾开始。

答案：C

【例 7.9】 以下程序段的功能是求文件长度,请填空。

```
#include "stdio.h"
main()
{ FILE * myf; long f1;
  myf=fopen("f1.txt","rb");
  fseek(myf,0,    ①    );
  f1=    ②    (myf);
  fclose(myf);
  printf("%d\n",f1);
}
```

解析：通过函数 fseek()将位置指针定位于文件尾,即起始点为 SEEK_END(或 2),再通过函数 ftell()读出文件位置指针值,即可得到文件长度。

答案：① SEEK_END(或 2)　② ftell

【例 7.10】 以下与函数 fseek(fp,0L,SEEK_SET)有相同作用的是(　　　)。

A. feof(fp)　　　　　B. ftell(fp)　　　　　C. fgetc(fp)　　　　　D. rewind(fp)

解析：函数 fseek()中起始点值为 SEEK_SET,位移量为 0,表明将位置指针置于文件开始点。函数 rewind()的功能为将文件指针重新指向一个流(数据流/文件)的开头。

答案：D

7.3　自测试题

1. 单项选择题

(1) 要打开一个已存在的非空文件"file"用于修改,则下列正确的语句是(　　)。

　　A. fp＝fopen("file","r")　　　　　　　　B. fp＝fopen("file","w")

　　C. fp＝fopen("file","r＋")　　　　　　　D. fp＝fopen("file","w＋")

(2) 若用函数 fopen()打开一个新的二进制文件,要求文件既能读又能写,则应选用的打开文件方式是(　　)。

　　A. "w＋"　　　　　B. "r＋"　　　　　C. "rb＋"　　　　　D. "a＋"

(3) 若调用函数 fputc()输出字符成功,则函数的返回值是(　　)。

　　A. 输出的字符　　　B. −1　　　　　C. 0　　　　　D. EOF

(4) EOF 的值是(　　)。

　　A. 0　　　　　B. 1　　　　　C. End of File　　　D. −1

(5) 设有以下结构体类型数组的定义,且数组 mini 的 10 个元素都已赋值,若要将这些元素写到 fp 所指向的文件中,以下不正确的形式是(　　)。

```
struct abc { int a;char b;float c[4];} mini[10];
```

　　A. fwrite(mini,10 * sizeof(struct abc),1,fp);

　　B. fwrite(mini,5 * sizeof(struct abc),2,fp);

　　C. for(i=0;i<10;i++)
　　　　　fwrite(mini,sizeof(struct abc),1,fp);

　　D. fwrite(mini,sizeof(struct abc),10,fp);

(6) 函数 rewind(fp)的作用是使文件位置指针(　　)。

　　A. 重新返回文件的开头　　　　　　　B. 返回到前一个字符的位置

　　C. 指向文件的末尾　　　　　　　　　D. 自动移至下一个字符的位置

(7) 以下关于文件指针的描述中,错误的是(　　)。

　　A. 文件指针是用文件类型 FILE 定义的

　　B. 文件指针是指向内存某个单元的地址

　　C. 文件指针是用来对文件操作的标识

　　D. 文件指针在一个程序中只能有一个

(8) 使用函数 fopen()打开一个文件时,文件位置指针指向(　　)。

　　A. 文件首　　　　　　　　　　　　　B. 文件尾

　　C. 文件首或文件尾　　　　　　　　　D. 文件任何位置

(9) 在 Turbo C 中,以下可以作为函数 fopen()中第一个参数的是(   )。

    A. c:user\text.txt   B. c:\user\text.txt

    C. "c:\user\text.txt"   D. "c:\\user\\text.txt"

(10) 以下程序的功能是把从终端输入的字符输出到名为 abc.txt 的文件中,直到从终端读入字符为♯时结束输入和输出操作,但程序有错,出错的原因是(   )。

```
#include <stdio.h>
main()
{ FILE * fout; char ch;
  fout=fopen('abc.txt', 'w');
  ch=fgetc(stdin);
  while(ch!='#')
  { fputc(ch,fout);ch=fgetc(stdin);}
  fclose(fout);
}
```

    A. 函数 fopen()调用形式有错误   B. 文件没有关闭

    C. 函数 fgetc()调用形式有错误   D. 文件指针 stdin 没有定义

2. 程序填空题

(1) 下面程序用以统计文件中小写字母 a 的个数。请填空。

```
#include <stdio.h>
#include <stdlib.h>
main( )
{ FILE * fp;
  char m;long n=0;
  if((fp=fopen("f1.txt", "r"))==NULL)
   { printf("cannot open file\n");exit(0);}
  while(      ①      )
  { m=      ②      ;
    if(m=='a')      ③      ;
  }
  printf("n=%ld\n", n);
  fclose(fp);
}
```

(2) 以下程序的功能是将文件 exam1.txt 的内容复制到 exam2.txt 中。请填空。

```
#include<stdio.h>
main()
{ FILE * fp1, * fp2;
  char str[81];
  fp1=fopen(      ④      );
  fp2=fopen(      ⑤      );
  while(!feof(fp1))
```

```
{ fgets(str,81,fp1);
  fputs(_____⑥_____);
}
fclose(fp1);
fclose(fp2);
}
```

（3）设文件 num.txt 中存放了一组整数。以下程序统计并输出文件中正整数、零、负整数的个数。请填空。

```
#include<stdio.h>
main()
{ FILE * fp;
  int p=0,n=0,z=0,temp;
  fp=_____⑦_____;
  if(fp==NULL)
    printf("file not found\n");
  else
  { while(!feof(fp))
    { fscanf(_____⑧_____);
      if(temp>0)p++;
      else if(temp<0)n++;
           else _____⑨_____;
    }
  }
  fclose(fp);
  printf("positive=%d,negtive=%d,zero=%d\n",p,n,z);
}
```

3. 程序分析题

（1）写出下面程序的运行结果。

```
#include <stdio.h>
main()
{ FILE * fp;int i,a[4]={1,2,3,4},b;
  fp=fopen("data.dat","wb");
  for(i=0;i<4;i++) fwrite(&a[i],sizeof(int),1,fp);
  fclose(fp);
  fp=fopen("data.dat","rb");
  fseek(fp,-2L * sizeof(int),SEEK_END);
  fread(&b,sizeof(int),1,fp);
  fclose(fp);
  printf("%d\n",b);
}
```

（2）写出下面程序的运行结果。

```c
#include  <stdio.h>
main()
{ FILE * fp; int i, k, n;
  fp=fopen("data.dat", "w+");
  for(i=1;i<6;i++)
  { fprintf(fp,"%d",i);
    if(i%3==0) fprintf(fp,"\n");
  }
  rewind(fp);
  fscanf(fp, "%d%d", &k, &n);
  printf("%d %d\n", k, n);
  fclose(fp);
}
```

（3）写出下面程序的运行结果。

```c
#include <stdio.h>
main()
{ FILE * fp;  int i,k=0,n=0;
  fp=fopen("d1.dat","w");
  for(i=1;i<4;i++) fprintf(fp, "%d\n",i);
  fclose(fp);
  fp=fopen("d1.dat", "r");
  fscanf(fp, "%d%d",&k,&n);
  printf("%d %d\n",k,n);
  fclose(fp);
}
```

4. 程序设计题

（1）编写一个修改文本文件的程序，读入一个整数，该整数表示相对于文件头的偏移量。然后，程序按此显示文件中原来的值并询问是否修改。若修改，则输入新值，否则进行下一次修改。若输入−1，则程序结束。

（2）文件 student.dat 中存放新生的基本信息，基本信息包括学号、姓名、年龄、性别、专业和住址。编写程序，输出学号在 2012001 至 2012050 之间的学生学号、姓名、年龄和性别。

7.4 实验题目

（1）有两个磁盘文件 A 和 B，各存放一行字母（不多于 80 个字符），字母已经按字典顺序排列。要求把两个文件中的信息合并（按字母顺序排列），相同字符保留一个，输出到一个新文件 C 中。

（2）有 10 名学生的数据（包括学号、姓名和三门课程的成绩）存放在文件 score.txt

中。编写程序,把有不及格成绩的学生数据存放到文件 bhg. txt 中,成绩都合格的学生数据存放到文件 hg. txt 中。

7.5 思考题

(1) 在 C 语言中,文件类型是基本数据类型吗?
(2) 文件打开函数中,文件名必须是字符串常量吗?
(3) 文件使用结束后为什么必须关闭?
(4) 怎样实现文件内容的随机读写?
(5) C 语言中的流与文件的区别是什么?

7.6 习题解答

1. 单项选择题(下列每小题有 **4** 个备选答案,将其中一个正确答案填到其后的括号内)

(1) 下列叙述正确的是( )。

① 刘文件操作必须先打开文件

② 对文件操作必须先关闭文件

③ 刘文件操作的顺序没有要求

④ 对文件操作前必须先测试文件是否存在,然后再打开文件

解答:对文件操作的顺序是:打开文件→读写操作→关闭文件。打开文件是指将文件从磁盘调入内存,并与文件操作指针建立关联。文件使用结束应及时关闭,以免丢失信息,关闭文件的同时也是存盘的过程。

答案:①

(2) C 语言中,指向系统的标准输入文件的指针是( )。

① stdout ② stdin ③ stderr ④ stdprn

解答:C 语言中有三个标准文件指针常量 stdin、stdout 和 stderr,分别指向标准输入文件(键盘)、标准输出文件(显示器)和标准出错处理文件。

答案:②

(3) C 语言可以处理的文件类型是( )。

① 文本文件和数据文件 ② 文本文件和二进制文件

③ 数据文件和文本文件 ④ 数据代码文件

解答:C 语言能处理的文件为流式文件,可以是二进制流和文本流两大类,统称为数据文件。

答案:②

(4) C 语言中,库函数 fgets(str,n,fp)的功能是( )。

① 从 fp 所指向的文件中读取长度为 n 的字符串存入 str 开始的内存

② 从 fp 所指向的文件中读取长度不超过 n−1 的字符串存入 str 开始的内存

③ 从 fp 所指向的文件中读取 n 个字符串存入 str 开始的内存

④ 从 str 开始的内存读取至多 n 个字符存入 fp 所指向的文件

解答：函数 fgets(str,n,fp)的功能是从 fp 所指向的文件中取出 n−1 个字符构成的字符串,存入 str 开始的内存单元。若在取字符过程中遇到行结束标志('\n')或文件结束标志(EOF),则读取操作自动结束,取出的字符个数可以少于 n−1 个。取字符结束后自动在末尾加上字符串结束标志('\0')。

答案：②

(5) 若 fp 是指向某文件的指针,且已读到文件的末尾,则表达式 feof(fp)的值为( )。

　　① EOF　　　　　　② −1　　　　　　③ 非零值　　　　　　④ NULL

解答：feof(fp)为测试文件是否结束的函数。若文件结束,其值为 1,否则为 0。

答案：③

(6) 下列程序向文件输出的结果是( )。

```
#include "stdio.h"
main()
{ FILE * fp;
  fp=fopen("test","wb");
  fprintf(fp,"%d%5.0f%c%d",58,76273.0,'-',2278);
  fclose(fp);
}
```

　　① 58□76273□−□2278　　　　　　② 5876273.000000−2278

　　③ 5876273−2278　　　　　　④ 因文件为二进制文件而不可读

解答：程序按只写入二进制方式打开了文件 test,并写入了 4 个数据。

答案：③

(7) 下列对 C 语言的文件存取方式的叙述中,正确的是( )。

　　① 只能顺序存取　　　　　　② 只能随机存取

　　③ 可以顺序存取,也可以随机存取　　　　　　④ 只能从文件的开头存取

解答：C 语言在文件中存取数据有两种方式:顺序读写和随机读写,即可以通过一般的读写操作函数进行顺序存取,又可以用函数 fseek()对文件中的位置指针进行定位,再用读写操作函数进行存取,即实现随机存取。

函数 fseek()的格式为:fseek(fp,位移量,起始点),含义为将文件中的位置指针从"起始点"开始移动"位移量"的距离(字节数)。若位移量为负数,则表明向文件头的方向移动,否则向文件尾的方向移动。

答案：③

(8) 下列语句中,将 c 定义为文件型指针的是( )。

　　① FILE c;　　② FILE * c;　　③ file c;　　④ file * c;

解答：文件类型标识符为 FILE,可用于定义文件类型指针变量。在头文件 stdio.h 中包含了该类型的定义,其中的每个字母均为大写。

答案：②

(9) 标准库函数 fputs(p1,p2)的功能是(　　)。

　　① 从 p1 指向的文件中读取一个字符串存入 p2 开始的内存

　　② 从 p2 指向的文件中读取一个字符串存入 p1 开始的内存

　　③ 从 p1 开始的内存中读取一个字符串存入 p2 指向的文件

　　④ 从 p2 开始的内存中读取一个字符串存入 p1 指向的文件

解答：函数 fputs(p1,p2)的功能是将 p1 代表的字符串写入文件指针 p2 指向的文件中。在此,p1 一般为内存地址,也可以为字符串常量。

答案：③

(10) 已知一个文件中存放若干学生数据,其数据结构如下：

```
struct st
{ char name[10];
  int age;
  float s[5];
};
```

定义一个数组：struct st a[10];

假设文件已正确打开,则不能正确地从文件中读取 10 名学生数据到数组 a 的是(　　)。

　　① fread(a,sizeof(struct st),10,fp);

　　② for(i=0;i<10;i++)

　　　　fread(a[i],sizeof(struct st),1,fp);

　　③ for(i=0;i<10;i++)

　　　　fread(a+i,sizeof(struct st),1,fp);

　　④ for(i=0;i<5;i+=2)

　　　　fread(a+i,sizeof(struct st),2,fp);

解答：函数 fread()的调用格式为：fread(buffer,size,count,fp)。其功能为从文件指针 fp 指向的文件中读出 count 个 size 大小的数据存入内存 buffer 开始的单元。在选项②中,a[i]不是地址量,所以是错的。

答案：②

2. 程序分析题

(1) 下面程序的功能是什么？

```
#include "stdio.h"
#include  "stdlib.h"
main()
{ FILE * fp1, * fp2;
  if((fp1=fopen("c:\\tc\\p1.c","r"))==NULL)
  { printf("Can not open file!\n");
    exit(0);
  }
```

```
    if((fp2=fopen("a:\\p1.c","w"))==NULL)
    { printf("Can notopen file!\n");
      exit(0);
    }
    while(1)
    { if(feof(fp1)) break;
      fputc(fgetc(fp1),fp2);
    }
    fclose(fp1);fclose(fp2);
}
```

解答：从语句 fp1＝fopen("c:\\tc\\p1.c","r")可以看出,按只读方式打开了一个磁盘文件 p1.c,准备读出信息。从语句 fp2＝fopen("a:\\p1.c","w")可以看出,按只写入方式打开了一个磁盘文件 p1.c,准备写数据到该文件。循环语句完成文件内容的复制,即将 fp1 所指文件中的内容写入到 fp2 所指文件中。两个文件虽然同名,但文件夹不同,一个是 C 盘的 TC 文件夹,一个是 A 盘的根目录。

答案：程序的功能是将 C 盘 TC 文件夹中的文件 p1.c 复制到 A 盘根目录下,文件名不变。

（2）下面程序的功能是什么?

```
#include "stdio.h"
#include  "stdlib.h"
main()
{ FILE * fp;
  int num=0;
  if((fp=fopen("TEST","r"))==NULL)
  { printf("Can not open file!\n");
    exit(0);
  }
  while(fgetc(fp)!=EOF)
    num++;
  fclose(fp);
  printf("num=%d",num);
}
```

解答：从语句 fp＝fopen("TEST","r")可以看出,按只读方式打开了一个文件 TEST,循环语句完成文件字符数的统计。

答案：程序的功能是统计当前文件夹下文件 TEST 中的字符数。因为一个字符占一个字节,所以该程序也可用于测试一个文本文件的大小。

3. 程序填空题（请在下列程序的下画线处填上正确的内容,使程序完整）

（1）下列程序由键盘输入一个文件名,然后把从键盘输入的字符依次存放到磁盘文件中,直到输入一个♯为止。

```
#include  "stdio.h"
#include  "stdlib.h"
main()
{ FILE * fp;
  char  ch,filename[10];
  scanf("%s",filename);                /* 用户输入存在磁盘上的文件名 */
  if(_____①_____)
  { printf("cannot open file\n");
    exit(0);
  }
  while((ch=getchar())!='#')
    _____②_____;
  fclose(fp);
}
```

解答：向文件中写入字符时，文件应按只写入文本方式打开，题目中文件名从键盘上输入并存入字符数组 filename 中。循环语句完成从键盘读取并向文件写字符的操作。

答案：①(fp＝fopen(filename,"w"))＝＝NULL　②fputc(ch,fp)

(2) 下列程序从一个二进制文件中读取结构体数据，并把读出的数据显示在屏幕上。

```
#include "stdio.h"
struct rec
{ int a;
  float b;
};
recout(FILE * fp)
{ struct rec r;
  do
  { fread(_____③_____,sizeof(struct rec),_____④_____,fp);
    if(_____⑤_____)_____⑥_____;
    printf("%d,%f",r.a,r.b);
  }while(1);
}
main()
{ FILE * fp;
  fp=fopen("file.dat","rb");
  recout(fp);
  fclose(fp);
}
```

解答：程序中，按只读二进制方式打开文件 file.dat，用 fread()函数读取数据并显示到屏幕上。从函数 recout()中可以看出，每次读出一个数据块并存入内存变量 r 中。如果数据已读取完（已到文件尾），则退出循环。

答案：③&r　④1　⑤feof(fp)　⑥break

（3）下列程序的功能是将文件 student 中第 i 个学生的信息输出。

```
#include "stdio.h"
#include  "stdlib.h"
struct stu
{ char name[10];int num;int age;}stud[10];
main()
{ int i;
  FILE * fp;
  if((fp=fopen("student.c","rb"))==NULL)
  { printf("cannot open file\n");
    exit(0);
  }
  scanf("%d",&i);
  fseek(____⑦____);
  fread(____⑧____,sizeof(struct stu),1,fp);
  printf("%s %d %d\n",stud[i-1].name,stud[i-1].num,stud[i-1].age);
}
```

解答：从文件中直接取出第 i 个学生的信息，应先将位置指针定位到这个位置，移动量要以一条学生记录为单位，从文件头开始移动比较合适；再将取出的记录存入数组元素 stud[i−1]中，保证正常输出。程序中没有对 i 的合理性进行预判，当 i 的值不合理时会出错。i 的取值范围应为 1～学生数。

答案：⑦ fp,sizeof(struct stu) * (i−1),SEEK_SET。其中,SEEK_SET 也可用 0 替代。
　　　 ⑧ stud+i−1 或 &stud[i−1]。

4. 程序改错题（下列每小题有一个错误，找出并改正）

（1）下列程序的功能是显示文件 data 的内容。

```
#include "stdio.h"
main()
{ FILE * fp;
  char  ch;
  fp=fopen("data","w");
  ch=fgetc(fp);
  while(ch!=EOF){putchar(ch);ch=fgetc(fp);}
  fclose(fp);
}
```

解析：要显示文件中的内容，应按只读方式打开，而不能按只写入方式打开。
答案：错误行：fp＝fopen("data","w");
　　　 修改为：fp＝fopen("data","r");

（2）

```
#include "stdio.h"
```

```
struct rec
{ int a;
  char b;
};
main()
{ struct rec r;
  file * f1;
  r.a=100;
  r.b='G'-32;
  f1=fopen("f1","w");
  fwrite(&r,sizeof(r),1,f1);
  fclose(f1);
}
```

解答：C 语言区分英文字母大小写，文件类型标识符是 FILE。

答案：错误行：file * f1;

修改为：FILE * f1;

5．程序设计题

(1) 编写程序，统计一个文本文件中含有英文字母的个数。

解答：可以编写一个文本文件，也可以用 C 程序文件代替，因为 C 程序中英文字母较多。本题显然要按只读文本方式打开一个文本文件，然后用记数变量对读出的字母字符进行统计并输出。

```
#include "stdio.h"
#include  "stdlib.h"
main()
{ FILE * fp; int n=0;
  char ch,filename[10];
  printf("Input a file name:");
  gets(filename);
  if((fp=fopen(filename,"r"))==NULL)
  { printf("This file is not exist!\n"); exit(0);}
  while(!feof(tp))
  { ch=fgetc(fp);
    if(ch>='a'&&ch<='z'||ch>='A'&&ch<='Z') n++;
  }
  printf("Count=%d\n",n);
  fclose(fp);
}
```

注：运行程序时，必须输入一个磁盘中存在的文本文件，包括盘符、路径、主文件名和扩展名。若在当前文件夹下，盘符和路径可省略。

程序中，判断字母字符的条件：ch>='a'&&ch<='z'||ch>='A'&&ch<='Z'，也可

以用 isalpha(ch)函数代替,但要在前面包含头文件 ctype.h。

(2) 编写程序,实现两个文本文件的连接。

解答:两个文件连接的方式可有3种,一是将两个文件先后写入另一个文件中,二是将第二个文件写入第一个文件的尾部,三是将第一个文件写入第二个文件的尾部。在此,用第一种较为合适。因此,就要打开三个文件,两个已知的文件用只读文本文件的方式(r)打开,目标文件用只写入文本文件的方式(w)打开。依次将读出的字符写入到目标文件中即可。

```
#include "stdio.h"
#include  "stdlib.h"
main()
{ FILE * fp1,* fp2,* fp3; char ch,filename[3][10]; int i;
  printf("Input 3 file's name:");
  for(i=0;i<3;i++)
    gets(filename[i]);
  if((fp1=fopen(filename[1],"r"))==NULL)
  { printf("The file %s is not exist!\n",filename[1]);exit(0);}
  if((fp1=fopen(filename[2],"r"))==NULL)
  { printf("The file %s is not exist!\n",filename[2]); exit(0);}
  fp3=fopen(filename[0],"w");
  while((ch=fgetc(fp1))!=EOF)
    fputc(ch,fp3);
  while((ch=fgetc(fp2))!=EOF)
    fputc(ch,fp3);
  fclose(fp1);
  fclose(fp2);
  fclose(fp3);
}
```

注:运行程序时要输入三个文件的全名,前两个文件必须是磁盘上已经存在的文本文件。

(3) 编写程序,对名为 CCW. TXT 的磁盘文件中@之前的所有字符加密。加密的方法是将每一个字符的 ASCII 码值减10。

解答:该题要求对已知的文件内容进行改写,应该按读写方式打开该文件。读出当前位置的字符,修改后再写入到当前位置。读字符函数会使位置指针后移,所以修改时要先将位置指针回退一个字符位置,再写入。这种做法较麻烦,容易出错,一种简便的做法是将该文本文件中的字符取出修改后写入另一个文本文件中。

方法一:将文件 CCW. TXT 中@之前的内容加密后写入文件 CCWC. TXT 中,剩下的字符也依次写入文件 CCWC. TXT 中。

```
#include "stdio.h"
#include  "stdlib.h"
main()
```

```
{ FILE * fp1,* fp2;char ch;
  if((fp1=fopen("CCW.TXT","r"))==NULL)
  { printf("Can't open this file!\n"); exit(0);}
  fp2=fopen("CCWC.TXT","w");
  while((ch=fgetc(fp1))!=EOF)
    if(ch!='@')
    { ch-=10;
      fputc(ch,fp2);
    }
    else  break;
  do
    fputc(ch,fp2);
  while((ch=fgetc(fp1))!=EOF);
  fclose(fp1);
  fclose(fp2);
}
```

方法二：将文件 CCW.TXT 中@之前的内容加密后写入原位置。

```
#include "stdio.h"
#include "stdlib.h"
main()
{ FILE * fp;char ch;
  if((fp=fopen("CCW.TXT","r+"))==NULL)           /* 按读写方式打开文件 CCW.TXT */
  { printf("Can't open this file!\n"); exit(0);}
  while((ch=fgetc(fp))!=EOF)
    if(ch!='@')
    { ch-=10;
      fseek(fp,-1L,SEEK_CUR);                     /* SEEK_CUR 也可以用 1 代替 */
      fputc(ch,fp);
      fseek(fp,0,SEEK_CUR);                        /* 重新定位读写方式的改变 */
    }
    else  break;
  fclose(fp);
}
```

方法三：也可将文件的内容全部写入一个字符数组中,改写后写回原文件,但数组空间的大小不容易确定。(略)

(4) 从键盘输入一组以#结束的字符。若字符为小写字母,则转换成大写字母,然后输出到一个磁盘文件 little 中保存。

解答：从键盘输入字符可用 getchar()函数,在输入时最后要以#结束。将输入的字符写入文件 little 中,该文件应该按"w"方式打开。大小写字母的 ASCII 码值相差 32。

```
#include "stdio.h"
main()
```

```
{ FILE * fp; char ch;
  fp=fopen("little","w");
  while((ch=getchar())!='#')
  { if(ch>='a'&&ch<='z')
      ch-=32;
    fputc(ch,fp);
  }
  fclose(fp);
}
```

(5) 将一个磁盘文件中的空格删除后存入另外一个文件中。

解答：源文件可按只读方式打开,目标文件按只写入方式打开,然后将源文件中的非空格字符写入目标文件即可。

```
#include "stdio.h"
#include  "stdlib.h"
main()
{ FILE * fp1,* fp2; char ch,filename[2][15];
  printf("Input source file's name:"); gets(filename[0]);
  printf("Input target file'sname:"); gets(filename[1]);
  if((fp1=fopen(filename[0],"r"))==NULL)
  { printf("Can't open this file!\n"); exit(0);}
  fp2=fopen(filename[1],"w");
  while((ch=fgetc(fp1))!=EOF)
    if(ch!=' ')
      fputc(ch,fp2);
  fclose(fp1);
  fclose(fp2);
}
```

(6) 有5个学生,每个学生有4门课的成绩。从键盘输入每个学生的数据(包括学号、姓名和四门课的成绩),计算平均成绩,将原有数据和计算出的平均成绩存入磁盘文件file中。

解答：因为要计算平均成绩并写入文件中,所以在设计结构体类型时应该考虑加入平均成绩项。将学生成绩表写入文件中,既可用函数 fwrite(),也可以用函数 fprintf()。用函数 fprintf()实现可以直接通过各种字处理系统如记事本、Word 等查看文件内容,用函数 fwrite()实现只能读出后再显示到屏幕上。

```
#include "stdio.h"
struct stu
{ char num[8],name[10];
  int math,phy,chi,eng;
  float ave;
};
main()
```

```
{ FILE * fp;
  struct stu a; int i;
  fp=fopen("file","w");
  for(i=0;i<5;i++)
  { scanf("%s%s%d%d%d%d",a.num,a.name,&a.math,&a.phy,&a.chi,&a.eng);
    a.ave=(a.math+a.phy+a.chi+a.eng)/4.0;
    fprintf(fp,"%s %s %d %d %d %d %.2f\n",
                    a.num,a.name,a.math,a.phy,a.chi,a.eng,a.ave);
  }
  fclose(fp);
}
```

(7) 将上题 file 文件中的学生数据按平均成绩进行升序排序,然后将排序后的学生数据存入新文件 newfile 中。

解答:涉及排序问题,只能在一维数组中进行,所以本题需要从文件 file 中读出数据到内存数组中,可用三种排序方法进行排序(选择法、起泡法和插入法)。用插入法排序时可边读边进行插入操作,最后将排序结果存入另一文件即可。需要注意的是读出的记录个数要保存到一个变量(i)中。

```
#include "stdio.h"
struct stu
{ char num[8],name[10];
  int math,phy,chi,eng;
  float ave;
};
#define N 10
main()
{ FILE * fp;
  struct stu a[N],t; int i,j;
  fp=fopen("file","r");
  i=0;
  while(fscanf(fp,"%s%s%d%d%d%d%f",a[i].num,a[i].name,&a[i].math,
                        &a[i].phy,&a[i].chi,&a[i].eng,&a[i].ave)!=-1)
  { t=a[i];
    for(j=i-1;j>=0&&t.ave<a[j].ave;j--)
      a[j+1]=a[j];
    a[j+1]=t;
    i++;
  }
  fclose(fp);
  fp=fopen("newfile","w");
  for(j=0;j<i;j++)
    fprintf(fp,"%s %s %d %d %d %d %.2f\n",
        a[j].num,a[j].name,a[j].math,a[j].phy,a[j].chi,a[j].eng,a[j].ave);
```

```
      fclose(fp);
  }
```

(8) 编写函数,实现两个文本文件的比较。若二者相等,则返回0,否则返回第一次不相等的两个字符的 ASCII 码的差值。

解答:要对两个文本文件进行比较,必须同时以只读方式打开这两个文本文件,对读出的对应字符进行比较,即可得出结论。

```
#include "stdio.h"
#include  "stdlib.h"
main()
{ FILE * fp1, * fp2;
  char ch1,ch2,filename[2][15];
  printf("Input first file's name:");gets(filename[0]);
  printf("Input second file's name:");gets(filename[1]);
  if((fp1=fopen(filename[0],"r"))==NULL)
  { printf("Can't open first file!\n"); exit(0);}
  if((fp2=fopen(filename[1],"r"))==NULL)
  { printf("Can't open second file!\n"); exit(0);}
  while((ch1=fgetc(fp1))!=EOF&&(ch2=fgetc(fp2))!=EOF)
    if(ch1!=ch2) break;
  printf("Result: %d\n",ch1-ch2);
  fclose(fp1);
  fclose(fp2);
}
```

(9) 编写程序,将一个文本文件中每一行的内容逆置后存入原文件。

解答:按读写方式打开文件后,先读出一行到字符数组,用一个函数将这个字符串逆置,再将字符数组写入该文件的原位置,重复此操作,直到文件结束。简单地,也可以将逆置后的字符串依次写入另一文件中,再存回到原文件中(略)。

方法一:

```
#include "stdio.h"
#include "stdlib.h"
void revert(char * s,int * n)                    /* n 用于求字符串的长度 */
{ int i,j; char t;
  for(j=0;s[j]!='\0';j++);
  * n=j;
  j--;
  i=0;
  while(i<j)
  { t=s[i];s[i]=s[j];s[j]=t;
    i++;j--;
  }
}
```

```
main()
{ FILE * fp;
  char str[80],filename[15];
  int n;
  printf("Input a file's name:"); gets(filename);
  if((fp=fopen(filename,"r+"))==NULL)
  { printf("Can't open this file!\n");exit(0);}
  while(fgets(str,80,fp)!=NULL)
  { revert(str,&n);
    fseek(fp,-(n+1),SEEK_CUR);                    /*定位到准备写入的位置*/
    fputs(str,fp);
    fseek(fp,0,SEEK_CUR);
  }
  fclose(fp);
}
```

方法二：

```
#include "stdio.h"
#include "stdlib.h"
void revert(char * s)
{ int i,j; char t;
  for(j=0;s[j]!='\0';j++);
  j--; i=0;
  while(i<j)
  { t=s[i];s[i]=s[j];s[j]=t;
    i++;j--;
  }
}
main()
{ FILE * fp;
  char str[80],filename[15];
  int n;
  printf("Input a file's name:"); gets(filename);
  if((fp=fopen(filename,"r+"))==NULL)
  { printf("Can't open this file!\n");exit(0);}
  n=ftell(fp);
  while(fgets(str,80,fp)!=NULL)
  { revert(str);
    fseek(fp,n,SEEK_SET);                         /*定位,相对于文件头移动的距离*/
    fputs(str,fp);
    fseek(fp,0,SEEK_CUR);                          /*改变读写方式,准备读*/
    n=ftell(fp);
  }
```

```
      fclose(fp);
  }
```

方法三：

```
#include "stdio.h"
#include "stdlib.h"
void revert(char * s)
{ int i,j; char t;
  for(j=0;s[j]!='\0';j++);
  j--;
  i=0;
  while(i<j)
  { t=s[i];s[i]=s[j];s[j]=t;
    i++;j--;
  }
}
main()
{ FILE * fp1,* fp2;
  char str[80],filename[2][15],ch;
  printf("Input source file:"); gets(filename[0]);
  printf("Input target file:"); gets(filename[1]);
  if((fp1=fopen(filename[0],"r"))==NULL)
  { printf("Can't open source file!\n"); exit(0);}
  fp2=fopen(filename[1],"w");
  while(fgets(str,80,fp1)!=NULL)
  { revert(str);
    fputs(str,fp2);
  }
  fclose(fp1);
  fclose(fp2);
  fopen(filename[0],"w");
  fopen(filename[1],"r");
  while((ch=fgetc(fp2))!=EOF)
    fputc(ch,fp1);
  fclose(fp1);
  fclose(fp2);
}
```

(10) 编写程序，将文件 file. c 中的注释部分删除。注释以"/ * "为起始符，以" * /"为结束符。

解答：将文件中除"/ * …… * /"之外的部分写入另一文件比较简单。先找到"/ * "，再找" * /"，这部分内容不写入另一文件中。值得注意的是文件中不一定只有一对"/ * "和" * /"，若在原文件上进行删除很难完成，所以用另一文件保存未删掉的内容，再存回到原文件会简单些。在此，存回原文件的程序省略，以便更好地调试程序并进行比较。

```
#include "stdio.h"
#include "stdlib.h"
main()
{ FILE * fp1, * fp2;
  char ch1,ch2;
  int wzp;
  if((fp1=fopen("file.c","r"))==NULL)
  { printf("Can't open this file!\n");exit(0);}
  fp2=fopen("filecopy.c","w");
  while(!feof(fp1))
  { if((ch1=fgetc(fp1))!='/')
      fputc(ch1,fp2);
    else if((ch2=fgetc(fp1))!='*')
        { fputc(ch1,fp2);                    /*先将"/"写入文件中*/
          fputc(ch2,fp2);
        }
        else
        { wzp=ftell(fp1);                    /*保留找到"/*之后的位置*/
          while(!feof(fp1)&&(fgetc(fp1)!='*'||fgetc(fp1)!='/'));
                                             /*跳过"/*和"*/"之间的内容*/
          if(feof(fp1))                      /*若"/*"开始后没找到对应的"*/"*/
          { fseek(fp1,wzp-2,SEEK_SET);       /*定位到"/"处*/
            while((ch1=fgetc(fp1))!=EOF)
              fputc(ch1,fp2);                /*将包含"/*"至末尾的字符写入文件中*/
          }
        }
  }
  fclose(fp1);
  fclose(fp2);
}
```

7.7 自测试题参考答案

1. 单项选择题

(1) C   (2) C   (3) A   (4) D   (5) C   (6) A   (7) D

(8) C   (9) D   (10) A

2. 程序填空题

(1) ① !feof(fp)   ② fgetc(fp)

　　③ n++(或++n 或 n+=1 或 n=n+1)

(2) ④ "exam1.txt","r"   ⑤ "exam2.txt","w"   ⑥ str,fp2

(3) ⑦fopen("num.txt","r")   ⑧ fp,"%d",&temp

　　⑨ z++(或++z 或 z+=1 或 z=z+1)

3. 程序分析题

(1) 3   (2) 123 45   (3) 1 2

4. 程序设计题

(1)

```
#include <stdio.h>
#include <stdlib.h>
main(int argc,char * argv[])
{ FILE * fp;
  long off;
  char ch;
  if(argc!=2){ printf("\nerror");exit(0);}
  if((fp=fopen(argv[1],"r+"))==NULL){ printf("\nerror");exit(0);}
  do
  { printf("Input a integer:");
    scanf("%ld",&off);
    getchar();
    if(off==-1) break;
    fseek(fp,off,SEEK_SET);
    ch=fgetc(fp);
    if(feof(fp)) continue;
    printf("\nThe character is:%c",ch);
    printf("\nModify?");
    ch=getche();
    if(ch=='y'||ch=='Y')
    { printf("\nInput a character:");
      ch=getchar();
      fseek(fp,off,SEEK_SET);
      fputc(ch,fp);
    }
  }while(1);
  fclose(fp);
}
```

(2)

```
#include <stdio.h>
struct student
{ long num;
  char name[10];
  int age;
  char sex;
  char speciality[20];
  char addr[40];
```

```
};
main()
{ FILE * fp;
  struct student std;
  fp=fopen("student.dat","rb");
  if(fp==NULL)
    printf("file not found\n");
  else
  { while(!feof(fp))
    { fread(&std,sizeof(struct student),1,fp);
      if(std.num>=20120001&&std.num<=20120050)
        printf("%ld %s %d %c\n",std.num,std.name,std.age,std.sex);
    }
  }
  fclose(fp);
}
```

7.8　实验题参考答案

(1)

```
#include  <stdio.h>
main()
{ char str1[81],str2[82],ch;
  int i ,j;
  FILE   * fp1,* fp2,* fp3;
  fp1=fopen("A","r");
  fp2=fopen("B","r");
  fp3=fopen("C","w");
  fgets(str1,81,fp1);
  fgets(str2,81,fp2);
  i=j=0;
  while(str1[i]&&str2[j])
  { if(str1[i]<str2[i])   ch=str1[i++];
    else if(str1[i]>str2[j])   ch=str2[j++];
      else { ch=str1[i];i++,j++;}
    fputc(ch,fp3);
  }
  while(str1[i])   fputc(str1[i++],fp3);
  while(str2[j])   fputc(str2[j++],fp3);
  fclose(fp1); fclose(fp2);fclose(fp3);
}
```

(2)

```c
#include <stdio.h>
#define N 10
typedef struct
{ int xh; char  name[21]; int score[3];}STU;
void  input()
{ int i; FILE * fp; STU s;
  char fname[21];
  printf("请输入成绩数据文件名\n");
  gets(fname);
  fp=fopen(fname,"wb");
  printf("学号 姓名 成绩 1 成绩 2  成绩 3\n");
  for(i=0;i<N;i++)
  { scanf("%d%s%d%d%d",&s.xh,s.name,&s.score[0],&s.score[1], &s.score[2]);
    fwrite(&s,sizeof(STU),1,fp);
  }
  fclose(fp);
}
void output()
{ int i; FILE * fp; STU s;
  char fname[21];
  printf("请输入输出数据文件名\n");
  gets(fname);
  fp=fopen(fname,"rb");
  while(!feof(fp))
  { fread(&s,sizeof(STU),1,fp);
    printf("%d\t%s\t%d\t%d\t%d\n",s.xh,s.name,s.score[0],s.score[1], s.score
    [2]);
  }
  fclose(fp);
}
main()
{ FILE * fp1,* fp2,* fp3;
  char fname[21];
  STU  ss;
  int i,j;
  input();
  printf("请输入原始数据文件名(包括文件路径)\n");
  getchar();
  gets(fname);
  fp1=fopen(fname,"rb");
  printf("请输入不及格成绩存储的文件名\n");
  gets(fname);
```

```
fp2=fopen(fname,"wb");
printf("请输入及格成绩存储的文件名\n");
gets(fname);
fp3=fopen(fname,"wb");
for(i=0;i<3;i++)
{ fread(&ss,sizeof(STU),1,fp1);
  for(j=0;j<3&&ss.score[j]>=60;j++);
  if(j<3)  fwrite(&ss,sizeof(STU),1,fp2);
  else fwrite(&ss,sizeof(STU),1,fp3);
}
fclose(fp1); fclose(fp2); fclose(fp3);
output();
}
```

7.9 思考题参考答案

(1) **答**：在用 C 语言编写程序时，一般使用标准文件系统，即缓冲文件系统。系统在内存中为每个正在读写的文件开辟"文件缓冲区"，在对文件进行读写时数据都经过缓冲区。要对文件进行读写，系统首先开辟一块内存区来保存文件信息。保存这些信息用的是一个结构体数据，将这个结构体类型用 typedef 定义为 FILE 类型。C 语言中结构体数据类型为构造类型，因此，文件数据类型 FILE 为构造类型。使用文件时首先要定义一个指向这个结构体的指针。文件类型 FILE 的定义在头文件 stdio.h 中，因此使用文件时必须包含 stdio.h 头文件。

(2) **答**：函数 fopen()用来打开一个文件，其调用的一般形式为：

文件指针名=fopen(文件名,使用文件方式);

函数 fopen()中第一个形式参数表示被打开文件的文件名，包括路径和文件名两个部分。可以以字符串常量或字符串首地址两种形式给出文件名信息，以字符串常量给出文件名时，是将该常量串首地址传递给函数 fopen()的形参。若文件与程序所在路径不同，则需给出路径。在 Turbo C 中，路径字符串中的"\"需写成"\\"。例如：

```
pfile=fopen("test.txt", "w");              /* 打开当前目录下的文件 */
pfile=fopen("d:\\Prog\\ftest\\t.txt","w");  /* 打开指定路径下的文件 */
```

(3) **答**：使用完一个文件后应该关闭它，以防止它再被误用。"关闭"就是使文件指针变量不指向该文件，也就是文件指针变量与文件"脱钩"，此后不能再通过该指针对原来与其相联系的文件进行读写操作，除非再次打开，使该指针变量重新指向该文件。应该养成在程序终止之前关闭所有文件的习惯，如果不关闭文件将会丢失数据。因为，文件操作是先将数据输出到缓冲区，待缓冲区充满后才正式输出给文件。如果当数据未充满缓冲区而程序结束运行，就会将缓冲区中的数据丢失。用函数 fclose()关闭文件，可以避免这个问题。它先把缓冲区中的数据输出到磁盘文件，然后才释放文件的指针变量。

(4) **答**：有时用户想直接读取文件中间某处的信息,若用文件的顺序读写,就必须从文件头开始直到要求的文件位置再读,这显然不方便。Turbo C 和 VC++ 都提供了一组文件的随机读写函数,即先将文件位置指针定位在要求读写的地方,再调用读写函数进行读写操作。文件的随机读写函数主要为 rewind、fseek、ftell。

(5) **答**：C语言中的文件称为流,在 Turbo C 中流和文件是有区别的。Turbo C 为编程者与被访问的设备之间提供了一层抽象的东西,称作"流",而将具体的实际设备称作文件。"流"是逻辑设备,与物理设备一样具有系统行为,所以对磁盘文件进行写操作的函数可以进行显示器的写入及显示输出。从磁盘文件读入数据的函数可以进行键盘的读入及键盘输入数据。键盘、显示器等物理设备对应的文件指针由系统定义,即文件指针常量,例如 stdin(标准输入)、stdout(标准输出)、stderr(标准错误)。

附录 **A**　模拟试题 A 及其参考答案

A.1　模拟试题 A

1. 单项选择题（每小题 **2 分**，共 **20 分**）

（1）函数调用语句 fun(a＋b,(x,y),fun(n＋k,d,(a＋b)))；中参数的个数是（　　）。

　　A. 3　　　　　　B. 4　　　　　　C. 5　　　　　　D. 6

（2）下列程序段中，功能与其他程序段不同的是（　　）。

```
A. for(i=1,p=1;i<=10;i++)
     p*=i;
B. for(i=1;i<=10;i++)
   { p=1;p*=i;i++;}
C. i=1;p=1;
   while(i<=10){ p*=i;i++;}
D. i=1;p=1;
   do{ p*=i;i++;}while(i<=10);
```

（3）下列程序的运行结果是（　　）。

```
#include "stdio.h"
#define SUB(X,Y)(X)*Y
main()
{ int a=3,b=4;
  printf("%d\n",SUB(a+1,b+1));
}
```

　　A. 20　　　　　　B. 17　　　　　　C. 8　　　　　　D. 16

（4）若有如下定义，则值为 4 的表达式是（　　）。

```
int a[10]={1,2,3,4,5,6,7,8,9,10},*p=a;
```

　　A. p+=3,*(p++)　　　　　　B. p+=3,*++p
　　C. p+=4,*p++　　　　　　　D. p+=3,++*p

(5) 设有如下定义和说明：

```
typedef struct {long i;short int k[3];char c[2];} DATA;
union data {short int cat[8];DATA cow;double dog;}zoo;
DATA max;
```

则语句：printf("%d",sizeof(zoo)+sizeof(max));的执行结果是(   )。

    A. 16   B. 28   C. 12   D. 8

(6) 下列程序的运行结果是(   )。

```
#include "stdio.h"
main()
{ enum elme {e1,e2=2,e3=1};
  char * a[]={"AA","DD","CC","BB"};
  printf("%c%c%c\n", * a[e1], * a[e2], * a[e3]);
}
```

    A. ABC   B. ACD   C. CDB   D. ADC

(7) 下列对 C 语言字符数组的描述中错误的是(   )。

    A. 字符数组可以存放字符串

    B. 字符数组中存放的字符串可以整体输入和输出

    C. 可以在赋值语句中通过赋值运算符"="对字符数组整体赋值

    D. 不可以用关系运算符对字符数组中的字符串进行比较

(8) 下面语句中,错误的是(   )。

    A. int i; int * p; p=&i;   B. int i, *p; p=&i;

    C. int a, * p=&a ;   D. int i, * p; * p=i;

(9) 有以下主函数,它所在的文件名为 f1.c。运行时若从键盘输入：f1 good bye[回车],则输出结果是(   )。

```
#include "stdio.h"
main(int argc ,char * argv[])
{ do
  { printf("%c", * ( * (++argv))-31);
    argc--;
  }while(argc>1);
}
```

    A. GB   B. gb   C. hc   D. HC

(10) 下列程序的运行结果是(   )。

```
#include "stdio.h"
main()
{ int x=3,y=4;
  x=x^y; y=y^x;x=x^y;
  printf("%d%d\n",x,y);
}
```

　　A. 33　　　　　　　B. 44　　　　　　　C. 34　　　　　　　D. 43

2. 程序填空题（每空 2 分，共 20 分）

（1）下面程序的功能是计算 N×N 矩阵的最大值和最小值。

```c
#include "stdio.h"
#define N 3
int maxmin(int a[][N],int * min)
{ int i,j,max;
  max=a[0][0]; * min=a[0][0];
  for(i=0;i<N;i++)
    for(j=0;j<N;j++)
    { if(max<a[i][j]) max=a[i][j];
      if(* min>a[i][j]) * min=a[i][j];
    }
      ____①____ ;
}
main()
{ int a[][N]={3,2,1,5,4,6,8,9,7},max,min;
  max=maxmin(____②____);
  printf("%5d%5d",max,min);
}
```

（2）下面程序的功能是计算两个正整数的最大公约数和最小公倍数。

```c
#include "stdio.h"
void fun(int * x,int * y,int a,int b)
{ * x=a<b?a:b;
  while(a% * x!=0||b% * x!=0)____③____ ;
  * y=a>b?a:b;
  while(* y%a!=0|| * y%b!=0)____④____ ;
}
main()
{ int a,b,max,min;
  loop:scanf("%d%d",&a,&b);
  if(a<0||b<0) goto loop;
  fun(____⑤____,a,b);
  printf("max=%d min=%d\n",max,min);
}
```

（3）函数 delnoalpha(char * s)的功能是删除字符串中的非英文字符。

```c
void delnoalpha(char * s)
{ char * p=s, * q=s;
  while(* q)
  { if(* q>='a'&& * q<='z'|| * q>='A'&& * q<='Z')____⑥____ = * q;
```

```
      q++;
    }
    _____⑦_____ = '\0';
}
```

(4) 下面程序用来建立一个含有 N 个结点的单向链表,新产生的结点总是插在第一个结点之前。

```
#include "stdio.h"
#include "stdlib.h"
struct student
{ int no;int score;struct student * next;};
main()
{ struct student * head=NULL, * p;
  inti,N;
  scanf("%d",&N);
  for(i=0;i<N;i++)
  { p=(_____⑧_____)malloc(sizeof(struct student));
    scanf("%d%d",&p->no,&p->score);
    _____⑨_____ =head;
    head=_____⑩_____ ;
  }
}
```

3. 程序分析题(每小题 5 分,共 25 分)

(1) 写出下列程序的运行结果。

```
#include "stdio.h"
main()
{ char a[81]="how old are you", * p=a;int word=0;
  while(* p)
  { if(* p==' ')word=0;
    else if(word==0)
        { if(* p>='a'&& * p<='z')
            * p-=32;
          word=1;
        }
    p++;
  }
  puts(a);
}
```

(2) 写出下列程序的运行结果。

```
#include "stdio.h"
long fib(int n)
```

```
{ if(n>3) return(fib(n-1)+fib(n-2)+fib(n-3));
  else return(2);
}
main()
{printf("%ld",fib(5));}
```

（3）写出下列程序的运行结果。

```
#include "stdio.h"
#define MAX 5
int a[MAX],k;
void fun1()
{ for(k=0;k<MAX;k++) a[k]=k;}
void fun2()
{ int a[MAX+1],k;
  for(k=0;k<MAX;k++) a[++k]+=k;
}
int fun3()
{ int k,s=0;
  for(k=0;k<MAX;k++) s+= * (a+k);
  return s;
}
main()
{ fun1(); fun2();
  printf("%d\n",fun3());
}
```

（4）写出下列程序的运行结果。

```
#include "stdio.h"
int fun(int n)
{ static f=0;
  f+=2 * n-1;
  return f;
}
main()
{ int i,s=0;
  for(i=1;i<=5;i++) s+=fun(i);
  printf("s=%d\n",s);
}
```

（5）写出下列程序的运行结果。

```
#include "stdio.h"
void fun(char * s)
{ char t, * p=s, * q=s;
  while(* q) q++;
```

```
    q--;
    while(p<q)
    { t=*++p;*p=*--q;*q=t;}
}
main()
{ char a[]="ABCDEFG";
    fun(a);puts(a);
}
```

4. 程序设计题(第1、2小题每题10分,第3小题15分,共35分)

(1) 编写函数 fun(int b[]),其功能是将所有的4位回文数按降序顺序存入一维数组 b 中,函数的返回值是回文数个数。所谓的"4位回文数"是指个位数和千位数相等,十位数与百位数相等的4位正整数。例如,1221 就是一个4位回文数。(10分)

(2) 编写程序,通过函数调用方式将 N×N 矩阵每行元素的最大值与其所在行的主对角线上的元素交换。要求:数据的输入输出在主函数中完成,数据交换通过调用函数完成。(10分)

(3) 有10个学生,每个学生有3门课程的成绩,编写程序,从键盘输入每个学生的数据(包括姓名和3门课程的成绩),计算每名学生的总分,并按总分降序排序,最后将结果存放到文件 score.txt 中。(15分)

A.2 模拟试题 A 参考答案

1. 单项选择题

(1) A   (2) B   (3) B   (4) A   (5) B   (6) B   (7) C
(8) D   (9) D   (10) D

2. 程序填空题

(1) ① return max   ② a,&min
(2) ③ (*x)--(或--(*x),或(*x)-=1,或(*x)=(*x)-1)
    ④ (*y)++(或++(*y),或(*y)+=1,或(*y)=(*y)+1)
    ⑤ &max,&min
(3) ⑥ *p++(或*(p++))   ⑦ *p
(4) ⑧ struct student *   ⑨ p->next   ⑩ p

3. 程序分析题

(1) How Old Are You   (2) 10   (3) 10
(4) s=55   (5) AFEDCBG

4. 程序设计题

(1)

```
fun(int b[])
```

```
{ int x,n=0;
  for(x=9999;x>=1000;x--)
    if(x/1000==x%10&&x/100%10==x%100/10) b[n++]=x;
  return n;
}
```

(2)

```
#include "stdio.h"
#define N 4
fun(int a[N][N])
{ int i,j,t,maxj,max;
  for(i=0;i<N;i++)
  { max=a[i][0];maxj=0;
    for(j=1;j<N;j++)
      if(max<a[i][j]){ max=a[i][j];maxj=j;}
    if(maxj!=i)
    {t=a[i][maxj];a[i][maxj]=a[i][i];a[i][i]=t;}
  }
}
main()
{ int a[N][N],i,j;
  for(i=0;i<N;i++)
   for(j=0;j<N;j++)
    scanf("%d",&a[i][j]);
  fun(a);
  for(i=0;i<N;i++)
  { for(j=0;j<N;j++)
    printf("%d  ",a[i][j]);
    printf("\n");
  }
}
```

(3)

```
#include "stdio.h"
#include "stdlib.h"
#define N 10
typedef struct
{ char name[10]; int score[4];} STU;
main()
{ FILE * fp;STU st[N],t;int i,j,sum;
  if((fp=fopen("score.txt","wb"))==NULL)
  { printf("This file can\'t open!\n");exit(0);}
  for(i=0;i<N;i++)
  { scanf("%s%d%d%d",st[i].name,&st[i].score[0],&st[i].score[1],&st[i].score[2]);
```

```
    st[i].score[3]=0;
    for(j=0;j<3;j++)
      st[i].score[3]+=st[i].score[j];
  }
  for(i=0;i<N-1;i++)
    for(j=i+1;j<N;j++)
      if(st[i].score[3]<st[j].score[3])
      { t=st[i];st[i]=st[j];st[j]=t;}
  fwrite(st,sizeof(STU),N,fp);
  for(i=0;i<N;i++)
    printf("%s%5d%5d%5d%5d\n",st[i].name,st[i].score[0],st[i].score[1],
    st[i].score[2],st[i].score[3]);
  fclose(fp);
}
```

附录 **B** 模拟试题 B 及其参考答案

B.1 模拟试题 B

1. 单项选择题(每小题 2 分,共 20 分)

(1) 以下选项中,能用作用户标识符的是(　　)。

    A. void　　　　B. 8_8　　　　C. _1_　　　　D. unsigned

(2) 若变量已正确定义并赋值,则符合 C 语言语法的表达式是(　　)。

    A. b=b|4;　　　　　　　　　B. a=3+a+d,a++

    C. 3.14%2　　　　　　　　　D. c=c-3-2*4

(3) 若有定义语句:int x=10;,则表达式 x-=x+x 的值为(　　)。

    A. -20　　　B. -10　　　C. 0　　　D. 10

(4) 若有说明 int i,j;则计算表达式 j=(i=4,i++,i=6,i+1)后,j 的值是(　　)。

    A. 7　　　B. 5　　　C. 4　　　D. 6

(5) 以下选项中,与 k=n++完全等价的表达式是(　　)。

    A. k=n,n+1　　　　　　　　B. n+=1,k=n

    C. k=n,n+=1　　　　　　　D. k=n+=1

(6) 若有说明:int a=10,*p=&a,*q=p;,则以下非法的赋值语句是(　　)。

    A. p=q;　　　　　　　　　B. *p=*q;

    C. a+=*q;　　　　　　　　D. p=a;

(7) 以下说法中正确的是(　　)。

    A. C 语言程序总是从第一个定义的函数开始执行

    B. 在 C 语言程序中,要调用的函数必须在 main 函数中定义

    C. C 语言程序总是从 main 函数开始执行

    D. C 语言程序中的 main 函数总是放在程序的开始部分

(8) 以下定义语句中错误的是(　　)。

A. int a[2*3]={1,2};   B. char * a[3];
C. char s['a'—'A']="test";   D. int n=10,a[n];

(9) 设有以下语句

```
typedef struct  S
{ int g;  char  h;} T;
```

则下面叙述中正确的是(   )。

A. 可用 S 定义结构体变量   B. 可以用 T 定义结构体变量
C. S 是 struct 类型的变量   D. T 是 struct S 类型的变量

(10) 若 fp 是指向某文件的指针,且已读到文件末尾,则函数 feof(fp)的返回值是
(   )。

A. EOF   B. 0   C. NULL   D. 1

2. 程序填空题(每空 2 分,共 20 分)

(1) 以下程序的功能是求 a 数组中的所有素数的和。素数是只能被 1 和本身整除且大于 1 的自然数。

```
#include <stdio.h>
int isprime(int x)
{ int i;
  for(i=2;i<=x/2;i++)
    if(x%i==0) return 0;
        ①      ;
}
main()
{ int a[10], * p,sum=0;
  for(p=a;p<a+10;p++)
  { scanf("%d",     ②     );
    if(isprime( * p)==1)
      sum+= * p;
  }
  printf("\nThe sum=%d\n",sum);
}
```

(2) 下面程序的功能是将字符数组 a 中下标值为偶数的元素从小到大排列,其他元素位置不变。

```
#include <stdio.h>
#include <string.h>
main()
{ char a[]="clanguage",t;
  int i, j, k;
  k=strlen(a);
  for(i=0;i<=k-2;i+=2)
```

```
    for(j=i+2;j<=k;___③___)
      if(___④___)
      {t=a[i]; a[i]=a[j]; a[j]=t;}
    puts(a);
  }
```

（3）函数 fun 的功能是把班级通讯录中每个人的信息作为一个数据块写到名为
myfile. dat 的二进制文件中。通讯录中记录每位同学的编号、姓名和电话号码。

```
#include <stdio.h>
#define   N   5
typedef   struct
{ int num;
  char name[10];
  char tel[10];
}STYPE;
int fun(___⑤___ * std)
{ ___⑥___ * fp;int   i;
  if((fp=fopen("myfile.dat","wb"))==NULL) return 0;
  printf("\nOutput data to file!\n");
  for(i=0;i<N;i++)
   fwrite(&std[i], sizeof(STYPE),1,___⑦___);
  fclose(fp);
  return 1;
}
```

（4）以下程序按下面指定的数据给 x 数组的下三角置数，并按如下形式输出。

```
4
3   7
2   6   9
1   5   8   10
#include <stdio.h>
main()
{ int   x[4][4],n=0 ,i,j;
  for(j=0;j<4;j++)
    for(i=3;i>=j;___⑧___)
    { n++;x[i][j]=___⑨___;}
    for(i=0;i<4;i++)
    { for(j=0;___⑩___;j++)   printf("%3d",x[i][j]);
      printf("\n");
    }
}
```

3. 程序分析题（每小题 5 分，共 25 分）

（1）写出下列程序的运行结果。

```
#include <stdio.h>
```

```
int fun(int a,int b)
{ if(b==0)  return a;
  else  return(fun(--a,--b));
}
main()
{ printf("%d\n",fun(4,2));}
```

(2) 写出下列程序的运行结果。

```
#include <stdio.h>
void fun(int a[],int  n)
{ int i,t;
  for(i=0;i<n/2;i++)
  {t=a[i];a[i]=a[n-1-i];a[n-1-i]=t;}
}
main()
{ int  k[10]={1,2,3,4,5,6,7,8,9,10},i,sum=0;
  fun(k,5);
  for(i=2;i<8;i++) sum+=k[i];
  printf("%d\n",sum);
}
```

(3) 写出下列程序的运行结果。

```
#include <stdio.h>
int  fun(int  x)
{ static int t=0;
  return(t+=x);
}
main()
{ int  s,i;
  for(i=1;i<=5;i++)  s=fun(i);
  printf("%d\n",s);
}
```

(4) 写出下列程序的运行结果。

```
#include <stdio.h>
main()
{ int i,sum;
  for(sum=0,i=7;i>=4;i--)
  switch(i)
  { case 4: case 6: sum +=2; break;
    case 5: case 7: sum +=1; break;
  }
  printf("%d",sum);
}
```

（5）写出下列程序的运行结果。

```c
#include <stdio.h>
main()
{ int b=5;
  #define b 2
  #define f(x)b*(x)
  int y=3;
  printf("%d ",f(y+1));
  #undef   b
  printf("%d ",f(y+1));
  #define b 3
  printf("%d",f(y+1));
}
```

4．程序设计题（第 1、2 小题每题 10 分，第 3 小题 15 分，共 35 分）

（1）编写函数 fun2(char *s)，其功能是判断字符串 s 是否为回文串，若是回文串，则返回 1，否则返回 0。（回文串是指正序读与反序读一样。例如：字符串"ABCBA"是回文串。）(10 分)

（2）编写函数 fun3(int *a,int m,int *b,int n,int *c)，其功能是将两个升序序列 a、b 合并成一个升序序列并存入 c 中。其中，m、n 分别为序列 a、b 的元素个数，c 有足够的存储空间。（10 分）

（3）编写程序，通过函数调用方式计算 N×N 阶矩阵各列最小数的绝对值之和。要求数据的输入和输出都在主函数中完成。（15 分）

B.2 模拟试题 B 参考答案

1．单项选择题

（1）C   （2）B   （3）B   （4）A   （5）C   （6）D   （7）C
（8）D   （9）B   （10）D

2．程序填空题

（1）① return 1   ② p
（2）③ j+=2（或 j=j+2，或 j++,j++，或++j,++j，或 j++,++j，或++j,j++）
    ④ a[i]>a[j]（或 *(a+i)>*(a+j)，或 *(a+i)>a[j]，或 a[i]>*(a+j)）
（3）⑤ STYPE   ⑥ FILE   ⑦ fp
（4）⑧ i—（或——i 或 i—=1 或 i=i-1）   ⑨ n
    ⑩ j<=i（或 j<i+1）

3．程序分析题

（1）2   （2）27   （3）15   （4）6   （5）8 20 12

4. 程序设计题

(1)

```
int fun2(char * s)
{ char   * head, * tail; int i=0;
  while(s[i]) i++;
  head=s;
  tail=s+i-1 ;
  while(head<tail)
    if(* head++!=* tail--) return 0;
  return 1;
}
```

(2)

```
void fun3(int * a,int m,int * b,int n,int * c)
{ int i=0,j=0,k=0;
  while(i<m&&j<n)
    if(a[i]<b[j]) c[k++]=a[i++];
    else c[k++]=b[j++];
  while(i<m) c[k++]=a[i++];
  while(j<n) c[k++]=b[j++];
}
```

(3)

```
#include <math.h>
#include <stdio.h>
#define   N   5
int sumlinemin(int a[][N])
{ int s=0,i,j,k;
  for(i=0;i<N;i++)
  { k=a[0][i];
    for(j=1;j<N;j++)
      if(k>a[j][i]) k=a[j][i];
    s+=abs(k);
  }
  return s;
}
main()
{ int array[N][N],i,j,sum;
  for(i=0;i<N;i++)
    for(j=0;j<N;j++)
      scanf("%d",array[i]+j);
  sum=sumlinemin(array);
  printf("sum=%d\n",sum);
}
```

模拟试题 C 及其参考答案

C.1 模拟试题 C

1. 单项选择题(每小题 2 分,共 20 分)

(1) 在 C 语言中,正确的实型常数是(   )。

    A. 2e   B. .09   C. 3c2.1   D. e5

(2) 在下列选项中,不正确的赋值语句是(   )。

    A. ++t;   B. n1=(n2=(n3=0));

    C. k-i=j;   D. a=b+c=1;

(3) 语句 if(i!=0)i++;中的条件表达式 i!=0 等价于(   )。

    A. i==0   B. i!=1   C. i   D. i==1

(4) 若有定义:int(*p)[5];,则 p 是(   )。

    A. 5 个指向整型变量的指针

    B. 指向 5 个整型变量的函数指针

    C. 一个指向具有 5 个整型元素的一维数组的指针

    D. 具有 5 个元素的一维指针数组,每个元素都只能指向整型变量

(5) 若有定义:int a[9],*p=a;,并在以后的语句中未改变 p 的值,则不能表示 a[1]地址的表达式是(   )。

    A. p+1   B. a+1   C. ++a   D. ++p

(6) 简单作为变量做实参时,实参与其对应的形参之间的数据传递方式是(   )。

    A. 双向值传递方式   B. 地址传递方式

    C. 单向值传递方式   D. 用户指定传递方式

(7) 以下关于 return 语句的叙述中正确的是(   )。

    A. 一个自定义函数中必须有一条 return 语句

    B. 一个自定义函数中可以根据不同情况设置多条 return 语句

    C. 定义成 void 类型的函数中可以有带回值的 return 语句

    D. 没有 return 语句的自定义函数在执行结束时不能返回到调用处

(8) C语言的编译系统对宏命令的处理是(　　　)。

    A. 在程序运行时进行的

    B. 在程序连接时进行的

    C. 和C程序中的其他语句同时进行编译的

    D. 在对源程序中的其他成分正式编译之前进行的

(9) 若有以下说明和语句:

```
struct student
{ int num;float score;}stu, * p;
p=&stu;
```

则以下对结构体变量 stu 中成员 num 的引用方式不正确的是(　　　)。

    A. stu. num   B. student. num   C. p—>num   D. (* p). num

(10) 若执行函数 fopen() 时发生错误,则函数的返回值是(　　　)。

    A. 地址值   B. NULL   C. 1   D. EOF

2. 程序填空题(每空 2 分,共 20 分)

(1) 以下程序的功能是把从键盘输入的以回车结束的字符串中的数字字符按它们的字面值累加并输出累加和。例如:输入的一行字符是 qa12d43u,则输出值应当是 10(1+2+4+3)。

```
#include "stdio.h"
main()
{ char ch; int a,s;
  s=0;
  while(_____①_____)
    if(ch>='0'&&ch<='9')
    { a=_____②_____; s=s+a;}
  printf("s=%d\n",s);
}
```

(2) 函数 fun() 的功能是将自然数 1~10 以及它们的平方根写到名为 myfile. txt 的文本文件中,然后再顺序读出显示在屏幕上。

```
#include  <math.h>
#include  <stdio.h>
int fun(char * fname)
{ FILE * fp;int i,n;float  x;
  if((fp=fopen(fname,"w"))==NULL)  return  0;
  for(i=1;i<=10;i++)
   fprintf(_____③_____,"%d %f\n",i,sqrt((double)i));
  printf("\nSucceed!!\n");
  _____④_____;
  printf("\nThe data in file :\n");
  if((fp=fopen(_____⑤_____,"r"))==NULL)  return  0;
```

```
        fscanf(fp,"%d%f",&n,&x);
        while(!feof(fp))
        { printf("%d %f\n",n,x); fscanf(fp,"%d%f",&n,&x);}
        fclose(fp);
        return  1;
}
```

（3）以下程序的功能是实现两个字符串大小的比较。相等时返回 0,不相等时返回第一次不相等的两个字符的 ASCII 码的差值。

```
#include <stdio.h>
compare(char * s1, char * s2)
{ while(_____⑥_____ && * s1== * s2)
  { s1++;s2++;}
  return _____⑦_____ ;
}
void main(void)
{ printf("%d\n", compare("abCd", "abc"));}
```

（4）函数 fun()的功能是检查 N×N 阶矩阵的下三角（不包括主对角线）中元素是否全为 0,是则返回 1,否则返回 0。

```
fun(int a[N][N])
{ int i,j,found=0;
  for(i=1;i<N;i++)
  { for(j=0;_____⑧_____;j++)
    if(a[i][j])
    { found=1;
      _____⑨_____ ;
    }
    if(found)_____⑩_____ ;
  }
  if(found) return 0;
  else return 1;
}
```

3. 程序分析题（每小题 5 分,共 25 分）

（1）写出下列程序的运行结果。

```
#include <stdio.h>
int gcd(int, int);
main()
{ int a=18, b=12;
  printf("gcd=%d\n",gcd(a,b));
}
int gcd(int x, int y)
```

```
{ int r;
  r=x%y;
  if(r==0) return y;
  return gcd(y, r);
}
```

(2) 写出下列程序的运行结果。

```
#include <stdio.h>
main()
{ int m[10], n=35, k=8, i;
  i=0;
  do { m[i++]=n%k;
        n/=k;
     } while(n!=0);
  while(i)
    printf("%d", m[--i]);
}
```

(3) 写出下列程序的运行结果。

```
#include <stdio.h>
void fun(int * a,int n,int m)
{ int t;
  while(n<m)
  { t= * (a+n);
    * (a+n++)= * (a+m);
    * (a+m--)=t;
  }
}
void main()
{ int a[]={10,9,8,7,6,5,4,3,2,1};
  int i,s=0;
  fun(a,0,4);
  fun(a,2,9);
  for(i=0;i<6;i++) s+=a[i];
  printf("s=%d",s);
}
```

(4) 写出下列程序的运行结果。

```
#include <stdio.h>
void main(void)
{ char * s, * t, s1[]="you and ", s2[]="me";
  s=s1;
  while(* s!='\0') s++;
  t=s2;
```

```
    while(* s= * t)
    { s++;t++;}
    printf("%d\n", s-s1);
}
```

(5) 写出下列程序的运行结果。

```
#include <stdio.h>
f(int c)
{ int a=1;
  static int b=1;
  a+=3;
  b+=2;
  return(a+b+c);
}
void main(void)
{ int i,s=0;
  for(i=0;i<3;i++) s+=f(i);
  printf("%d\n",s);
}
```

4. 程序设计题(第 1、2 小题每题 10 分,第 3 小题 15 分,共 35 分)

(1) 编写函数 fun(char * p,char * b),其功能是将 p 所指字符串中的所有字符复制到 b 中,要求复制三个字符之后插入一个空格。

(2) 编写程序,将 N×N 阶矩阵次对角线上的元素降序排序,其他元素位置不变。要求数据的输入和输出都在主函数中完成,排序用函数实现。

(3) 编写程序,将 N 个字符串中长度最短的字符串输出。要求数据的输入和输出都在主函数中完成,查找长度最短的字符串通过函数实现。

C.2 模拟试题 C 参考答案

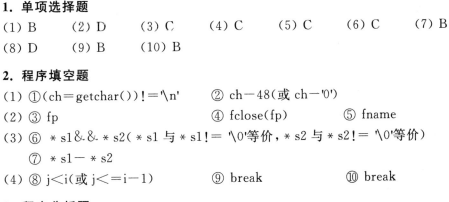

1. 单项选择题

(1) B   (2) D   (3) C   (4) C   (5) C   (6) C   (7) B
(8) D   (9) B   (10) B

2. 程序填空题

(1) ①(ch=getchar())!='\n'   ② ch−48(或 ch−'0')

(2) ③ fp   ④ fclose(fp)   ⑤ fname

(3) ⑥ * s1&&* s2(* s1 与 * s1!= '\0'等价, * s2 与 * s2!= '\0'等价)

      ⑦ * s1− * s2

(4) ⑧ j<i(或 j<=i−1)   ⑨ break   ⑩ break

3. 程序分析题

(1) gcd=6   (2) 43   (3) s=23   (4) 10   (5) 30

4. 程序设计题

(1)

```c
void fun(char * p, char * b)
{ int i,k=0;
  while(* p)
  { i=0;
    while(i<3&& * p)
    { b[k]= * p;
      k++; p++; i++;
    }
    if(* p)   b[k++]=' ';
  }
  b[k]='\0';
}
```

(2)

```c
#include <stdio.h>
#define  N  10
void fun4(int a[][N])
{ int i,j,t;
  for(i=0;i<N-1;i++)
    for(j=i+1;j<N;j++)
     if(a[i][N-i-1]<a[j][N-j-1])
     {t=a[i][N-i-1];a[i][N-i-1]=a[j][N-j-1];a[j][N-j-1]=t;}
}
main()
{ inta[N][N],i,j;
  for(i=0;i<N;i++)
    for(j=0;j<N;j++)
      scanf("%d",a[i]+j);
  fun4(a);
  for(i=0;i<N;i++)
  { for(j=0;j<N;j++)
      printf("%6d",a[i][j]);
    printf("\n");
  }
}
```

(3)

```c
#include "string.h"
#include "stdio.h"
#define N 5
char * fun5(char  * str[N])
```

```
{ int i,min=0;
  for(i=1;i<N;i++)
    if(strlen(str[i])<strlen(str[min]))  min=i;
  return  str[min];
}
main()
{ char s[N][80],* str[N],* p;
  int i;
  for(i=0;i<N;i++) str[i]=s[i];
  for(i=0;i<N;i++) gets(s[i]);
  p=fun5(str);
  puts(p);
}
```

课程设计题目

1. 算术计算器设计

（1）问题描述

依次输入第一个运算数、运算符（＋、－、＊、/）、第二个运算数，然后输出运算结果。

（2）基本要求：

① 具备整型数据和浮点型数据的算术运算（加、减、乘、除）功能。

② 上一次的运算结果可作为下一次运算的第一个运算数。

③ 按 C 键清屏，按 X 键退出程序。

2. 求最少运算次数

（1）问题描述

已知 5 个数据 2、3、5、7、13 和三个运算符＋、－、＊，且运算符无优先级之分。如：$2+3*5=25,3*5+2=17$。对任意一个整数 N，求出用以上数和运算符得到 N 的最少运算次数。例如：$N=7,7=7$，即 0 次运算；$N=93,93=13*7+2$，即 2 次运算。

（2）基本要求

① 输出最少的运算次数。

② 输出所找到的运算次数最少的运算式子。

3. 字符串处理

（1）问题描述

从键盘上读入一个字符串（称作原串），其长度小于等于 80。编写程序，实现对原串的编辑。

（2）基本要求

① 插入子串，在原串中指定的字符前面插入若干个字符（子串）。若在原串中有若干个指定的字符，则在第一个指定字符的前面插入。

② 删除子串，在原串中删除指定的子串。若原串中有多个相同的子串，则只删除最后一个子串。

③ 替换子串，在原串中将某个子串用新的子串去替换。若原串中有多

个被替换的子串,则需要全部替换(但不递归替换)。

4. 猴子分糖游戏

（1）问题描述

公园里 n(n<20)个猴子围成一圈分糖果。饲养员先随机发给每个猴子若干颗糖果,然后按以下规则调整:所有猴子同时将自己手中糖果的一半分给坐在它右边的猴子。如共有 3 个猴子,则第 1 个将原有的一半分给第 2 个,第 2 个将原有的一半分给第 3 个,第 3 个将原有的一半分给第 1 个。若平分前某个猴子手中的糖果数是奇数,则必须从饲养员那里要一颗,使它的糖果数变成偶数。求经过多少次上述调整,才能使每个猴子手中的糖果数量相同。

（2）基本要求

① 猴子个数和每个猴子的初始糖果数由键盘输入。

② 求在调整过程中新增发的糖果数。

5. 环上取扣子

（1）问题描述

设一个环上有编号为 0～n−1 的 n 粒不同颜色的扣子,在环中某两粒扣子间剪开,环上的扣子形成一个序列。按以下规则从序列中取走扣子:首先从序列左端取走所有连续同色的扣子,然后从序列右端在剩下扣子中取走所有连续同色扣子,两者之和为该剪开处可取走扣子的粒数。在不同位置剪开,能取走的扣子粒数不尽相同。求在环上哪个位置剪开可取走的扣子粒数最多。

（2）基本要求

① 每粒扣子的颜色用字母表示,n 粒扣子的颜色用字符串表示。例如,10 粒扣子颜色对应的字符串为 aaabbbadcc,从 0 号扣子前剪开,序列为 aaabbbadcc,从左端取走 3 粒 a 色扣子,从右端取走 2 粒 c 色扣子,共取走 5 粒扣子。若在 3 号扣子前剪开,即 bbbadccaaa 共可取走 6 粒扣子。

② 用字符数组存储字符串。

6. 校际运动会管理

（1）问题描述

N 所院校参加运动会,其中男子竞赛项目数为 M,女子竞赛项目数为 W。各项目名次取法有如下三种:第一种是取前 5 名,得分依次是 7 分、5 分、3 分、2 分、1 分;第二种是取前 3 名,得分依次是 5 分、3 分、2 分;第三种是用户自定义,各名次权值由用户指定。编写程序,对各个学校的比赛成绩、运动员等信息进行管理。

（2）基本要求

① 初始输入参赛学校总数、男子竞赛项目数和女子竞赛项目数。

② 由程序提醒用户填写比赛结果,输入各项目获奖运动员的信息。

③ 所有信息记录完毕后,用户可以查询各个学校的比赛成绩,生成团体总分报表,查看参赛学校信息和比赛项目信息等。

7．银行储蓄业务管理

（1）问题描述

某银行共发出 M 张储蓄卡，每张储蓄卡的信息包括：唯一的卡号、密码、余额和当日业务实际发生笔数。正数表示存款，负数表示取款。编写程序，实现储蓄卡业务管理。

（2）基本要求

① 每天每张储蓄卡最多进行 N 笔"存款"或"取款"业务。

② 用户输入银行卡号及密码，验证通过后可进行"存款"或"取款"业务。若输入了不正确的数据，程序会提示持卡者重新输入；若输入的卡号为负数，银行终止当日业务。

③ 每天工作结束后，按照卡号升序在文件中存储当日每张曾发生过业务的储蓄卡的存取信息。文件以当日日期命名，扩展名为.rec。

8．学生学籍管理

（1）问题描述

学生信息包括学号、姓名、性别、年龄和家庭住址。编写程序，利用结构体数组实现学生学籍管理。

（2）基本要求

① 使用菜单。

② 具有建立数据库功能。

③ 具有数据输入功能。

④ 具有数据删除功能。

⑤ 具有数据插入功能。

⑥ 具有各种查询（如按学号查询，按姓名查询，按年龄查询等）及输出功能。

9．学生成绩管理

（1）问题描述

学生信息包括学号、姓名和 5 门课程成绩。编写程序，利用链表实现学生成绩管理。

（2）基本要求

① 按学号排序。

② 输入一个学生的信息，将其插入链表中，假定链表按学号有序。

③ 输入一个学生学号，输出其各科成绩。

④ 输入一个学生的学号，从链表中删除该学生信息。

⑤ 输入一个学生的学号，统计该生的总分及平均分。

⑥ 将建立起来的链表以文件的形式存盘。

10．影碟出租管理

（1）问题描述

影碟信息包括：碟片名称、国家、类型、借阅标记等。出租信息包括：会员名、碟片名称、借阅日期、归还日期、租金等。编写程序，实现影碟出租管理。

（2）基本要求

① 新片上架：添加碟片信息。

② 碟片查询：按碟片名称查询某碟片是否可借阅,结果有三种(可借阅、已借出、无此片)。

③ 碟片借阅：输入会员名、碟片名称、借阅日期,修改碟片的租借标记(每个会员一次可借阅多片)。

④ 碟片归还：输入会员名、碟片名称、归还日期,修改碟片的租借标记,计算每片租金(每三天的租金为 1 元,不满三天的按三天计算)。因为每个会员一次可借阅多片,所以也可能一次归还多片。在该操作结束前,应输出该会员此次归还所需支付的总租金。

⑤ 使用菜单显示以上各项功能(用户根据序号选定相应的操作项目)。当用户选定操作项目所对应的序号时,根据提示信息,从键盘上输入相应的数据。

参 考 文 献

[1] 谭浩强.C语言程序设计.3版.北京:清华大学出版社,2014.

[2] 谭浩强.C程序设计(第5版)学习辅导.北京:清华大学出版社,2017.

[3] 谭浩强.C++程序设计题解与上机指导.3版.北京:清华大学出版社,2017.

[4] 张玉春,等.C语言程序设计实验指导与习题解析.2版.北京:清华大学出版社,2016.

[5] 王朝晖,等.C语言程序设计学习与实验指导.3版.北京:清华大学出版社,2017.

[6] 冯相忠,等.C语言程序设计学习指导与实验教程.3版.北京:清华大学出版社,2015.

[7] 刘小军,等.C语言程序设计学习指导.北京:清华大学出版社,2016.

[8] 教育部考试中心.全国计算机等级考试二级教程——C语言程序设计(2017年版).北京:高等教育出版社,2015.

[9] 廖雷.C语言程序设计习题解答与上机指导.4版.北京:高等教育出版社,2015.

[10] 龚本灿.C语言程序设计习题集.2版.北京:高等教育出版社,2015.

[11] 何钦铭.C语言程序设计经典实验案例集.北京:高等教育出版社,2012.

[12] 苏小红,等.C语言程序设计学习指导.2版.北京:高等教育出版社,2013.